灌区水生态环境综合整治技术研究

——以河南省赵口引黄灌区二期工程为例

靳晓辉　胡亚伟　张会敏　著

黄河水利出版社
·郑州·

内 容 提 要

本书以生态文明思想为指导,以落实"节水优先"为主要出发点,以"系统治理"为思想方针,紧扣"问题聚焦-过程解析-对策建议"研究主线,融合理论研究、模型构建、工程示范建设等技术方法,针对灌区水生态环境恶化、水利基础设施薄弱、水资源配置不合理等问题,结合赵口引黄灌区二期工程建设状况,对灌区水生态环境综合整治技术进行研究,明晰了灌区水生态环境现状,综合评价了灌区水生态安全状况,构建了水动力-水质耦合模拟模型,解析了灌区水环境演变规律,以及水系连通对区域水质的长短期影响,提出了适宜灌区水生态环境综合整治的技术建议。成果在赵口引黄灌区二期工程以及涡河和惠济河的治理实践中得到应用,丰富了我国灌区水生态环境综合整治的理论与技术体系,为推动我国大中型灌区高质量发展提供了有力支撑。

本书可供从事灌区水生态环境治理、面源污染防控等相关领域研究、规划和管理的专业技术人员及师生阅读与参考。

图书在版编目(CIP)数据

灌区水生态环境综合整治技术研究:以河南省赵口引黄灌区二期工程为例/靳晓辉,胡亚伟,张会敏著.—郑州:黄河水利出版社,2022.9

ISBN 978-7-5509-3406-1

Ⅰ.①灌… Ⅱ.①靳… ②胡… ③张… Ⅲ.①黄河-灌区-水环境-生态环境-环境综合整治-研究-河南 Ⅳ.①X143

中国版本图书馆 CIP 数据核字(2022)第178496号

组稿编辑:岳晓娟　电话:0371-66020903　E-mail:2250150882@qq.com

出 版 社:黄河水利出版社　网址:www.yrcp.com

地址:河南省郑州市顺河路黄委会综合楼14层　邮政编码:450003

发行单位:黄河水利出版社

发行部电话:0371-66026940、66020550、66028024、66022620(传真)

E-mail:hhslcbs@126.com

承印单位:河南新华印刷集团有限公司

开本:890 mm×1 240 mm　1/32

印张:7.5

字数:188千字　印数:1—1 000

版次:2022年11月第1版　印次:2022年11月第1次印刷

定价:68.00元

前　言

灌区是我国粮食安全的基础保障、现代化农业发展的主要基地、区域经济发展的重要支撑、生态环境保护的基本依托。然而,随着经济社会的快速发展,灌区的水生态环境出现了不同程度的恶化,影响了国家现代化生态灌区建设以及灌区高质量发展进程。因此,对灌区水生态环境整治引起了广泛关注。

赵口引黄灌区长期以来一直依赖于开采利用地下水,造成地下水资源环境呈持续恶化的趋势,河道内的生态用水被挤占,水体自净能力严重下降,水生态功能退化,再加上缺乏完整的工程体系,灌区水生态环境日益恶化。为充分发挥赵口引黄灌区已建工程效益和灌区水土资源条件,提高全灌区的综合效益,确定以赵口总干渠—运粮河—涡河为界,涡河以西区域作为续建配套项目区,涡河以东区域作为赵口引黄灌区二期项目区,设计灌溉面积为220.5万亩❶,建成后整个赵口引黄灌区面积将达到587万亩,成为河南省第一大灌区,全国第四大灌区。

赵口引黄灌区二期工程的建设可补充河流水系生态环境用水,但是缺乏对赵口引黄灌区二期工程水生态环境现状的有效梳理与评估,以及工程建设对灌区内河沟渠的影响分析,从而导致未来工程运行条件下灌区水生态环境的发展趋势不明朗,不能利用有限水资源有效改善灌区水生态环境,极大地影响了灌区功能的

❶ 1亩=1/15 hm^2,全书同。

发挥。若要灌区生态环境焕然一新,必须采取系统的措施进行整治。随着"节水高效、设施完善、管理科学、生态良好"现代化灌区的规划,《重点流域水生态环境保护"十四五"规划编制技术大纲》中水资源、水生态和水环境"三水统筹"以及《黄河流域生态保护和高质量发展规划纲要》对水生态、水环境和水安全要求逐步持续地落实,如何实施赵口引黄灌区二期工程水生态环境的综合整治,成为改善灌区水生态环境的新焦点。

在此背景下,2019 年河南省水利科技攻关计划设立科研专项"河南省赵口引黄灌区二期工程水生态环境综合整治技术研究",黄河水利委员会黄河水利科学研究院、河南省赵口引黄灌区二期工程建设管理局、河南省豫东水利工程管理局等单位,面对灌区重大生态环境问题及技术创新的挑战,围绕赵口引黄灌区二期工程水生态环境监测、评价、模拟、综合整治等系列难题,紧扣"实验监测-评价模拟-技术对策"的研究思路,融合现场查勘、重点监测、理论分析及模型计算等方法手段,开展了为期 3 年的赵口引黄灌区二期工程水生态环境综合整治技术研究。

本书依托该项目构建了基于压力-状态-响应(Pressure-State-Response,PSR)的灌区水生态安全评价指标体系,对赵口引黄灌区二期工程的水生态安全进行了综合评价,建立了灌区水动力-水质耦合模拟模型,解析了以总干渠—运粮河—涡河和东二干渠—陈留分干—惠济河输水通道为例的水系连通工程对区域水质的短期与长期影响,形成了融合水肥一体化智能灌溉、灌区沟渠生态化、灌区生态湿地构建、农田退水循环利用与分质分流智能化灌溉、生态系统修复、灌区水景观文化建设、生态河段示范等系列关键技术多位一体的"源头把控-过程拦截-健康循环-生态修复-文化建设"灌区水生态环境综合整治技术。研究成果在赵口引黄灌区二期工程得到实践应用,对灌区生态环境改善和高质量发展起到重要的助推作用,社会效益、经济效益和生态效益显著,同时对我国灌区的水生态环境改善也具有实际的借鉴与指导意义,有广阔的应用前景和较高的推广价值。

本书撰写具体分工如下:第1章由靳晓辉、胡亚伟、张会敏撰写;第2章由靳晓辉、王辉辉、冯跃华、王龙欣撰写;第3章由靳晓辉、王辉辉、樊玉苗、贾倩、杨蕾撰写;第4章由靳晓辉、张铭琪、樊玉苗、孟楠撰写;第5章由张铭琪、樊玉苗、贾倩撰写;第6章由宋静茹、杨蕾、宋常吉撰写;第7章由靳晓辉撰写。全书由靳晓辉统稿。

限于时间和编写人员水平,书中难免存在疏漏之处,敬请读者批评指正。

作　者

2022年5月

目 录

第1章 概 述

1.1 工程概况

1.1.1 赵口引黄灌区概况

1.1.1.1 灌区发展历史及范围

赵口引黄灌区始建于1970年,1972年开灌,工程兴建初期以放淤改土为主,范围仅含开封市郊及开封县的部分耕地。20世纪80年代以后,转为以灌溉、补源为主,范围逐步扩展至尉氏、通许等县。1989年12月,赵口引黄灌区西干渠系统部分被列入世界银行贷款河南省沿黄地区综合开发水利工程项目,设计灌溉面积108.5万亩,至1997年底骨干工程基本建成。20世纪90年代以后,灌区中下游所属各县都不同程度地从贾鲁河、涡河水系引水,自行开挖了许多条灌排渠沟并配套了部分建筑物,其灌溉范围逐步扩展到周口、许昌、商丘等市[1]。

经过多年的建设,目前赵口引黄灌区整体轮廓已形成,灌区位于河南省黄河南岸的豫东平原区,地理位置为东经113°45′~115°35′,北纬33°35′~35°02′,北至黄河,东部为省界,南部和西部为省内平原区边界。地域上涉及了粮食核心区主体范围内的中牟、开封、通许、尉氏、杞县、太康、扶沟、西华、鹿邑、鄢陵、柘城等11个县和开封市鼓楼区、龙亭区、祥符区3个区,土地面积6 341 km^2,耕地面积590.1万亩。

1.1.1.2　灌区分区

为充分发挥赵口引黄灌区已建工程效益和灌区水土资源条件,提高全灌区的综合效益,将目前已建工程配套及水资源条件均较好的区域调整为续建配套项目区范围,其他区域作为二期工程项目区。调整后,确定以赵口总干渠—运粮河—涡河为界,涡河以西区域(不含涡河柘城以西部分)作为续建配套项目区,涡河以东区域(含涡河柘城以西部分)作为赵口引黄灌区二期项目区。赵口引黄灌区二期工程为本次工程的范围,工程位于原赵口引黄灌区东部,是赵口引黄灌区的重要组成部分。设计灌溉面积为220.50万亩,总土地面积2 174 km^2,范围涉及郑州、开封、周口、商丘等4个地市,包括中牟、通许、杞县、太康、柘城等5个县及开封市龙亭区、鼓楼区、祥符区等3个区。

1.1.1.3　灌区已建工程

赵口引黄灌区始建于1970年,由引黄渠首闸从黄河引水。目前灌区已经形成了由总干渠、干渠、支渠等组成的较为成熟的灌排体系网络,灌区上游主要依靠总干渠、干渠进行供水,灌区下游主要依靠涡河、贾鲁河、惠济河等河流和支渠、斗渠等交叉网络供水。

经统计,全灌区现有渠道工程1 786.5 km,其中总干渠27.5 km,干渠896 km,支渠863 km;利用河道输水的渠线全长1 235 km,涉及大小河流近百条,主要有涡河、贾鲁河、惠济河、运粮河等。全灌区现有建筑物4 770座[2]。

赵口引黄灌区上游水利工程主要是西干渠、北干渠、东一干渠、东二干渠以及其分支渠道,涉及地(市、县)包括中牟县、开封县及尉氏县。下游主要利用灌区上游退水及贾鲁河、涡河、惠济河水,通过贾鲁河、涡河、惠济河上的拦河闸和进水闸引水。

赵口引黄灌区二期工程现有主干渠道16条,总长383.6 km,其中总干渠27.5 km;干渠、分干渠15条,总长245.7 km;支渠24条,总长105.2 km;排水河(沟)道62条,总长1 224 km,主要为灌排合一河(沟)道。渠(沟)系大部分建筑物建于20世纪70~90年代,以砖石结构为主,已破败不堪,失去使用价值,仅有少量建筑物建于近年,予以维修或者维持现状可满足使用要求。

1.1.1.4 本工程与赵口续建配套工程区的依托关系

赵口引黄灌区二期工程依托于赵口引黄灌区续建配套项目区。赵口引黄灌区二期工程与续建配套工程区以赵口总干渠—运粮河—涡河为界,涡河以西片区为赵口引黄灌区的续建配套项目区,设计灌溉面积仍为366.50万亩[3];涡河以东区域作为赵口引黄灌区二期工程范围,设计灌溉面积为220.50万亩。本次赵口引黄灌区二期与赵口引黄灌区一期共用赵口渠首引黄闸引黄河水、共用总干渠、涡河上拦河闸调蓄引涡河水,两者存在紧密的水力联系。赵口引黄灌区二期姜清沟片和续建配套工程区竖岗片共用裴庄闸拦蓄涡河水引水,二期的幸福片和一期的丁庄沟片、太双片共用吴庄闸拦蓄引水,二期的团结片和一期的魏庄片共用魏湾闸拦蓄引水,二期的宋庄片和一期的玄武片共用玄武闸拦蓄引水,一期的付桥片利用付桥闸拦蓄引涡河水。赵口引黄灌区二期工程与续建配套改造工程位置关系见图1-1。

1.1.1.5 灌区近年引水情况

根据统计,2010—2019年10年间赵口引黄灌区累积引水量195 229万m^3,对改善赵口引黄灌区的农业灌溉条件、促进当地农业经济发展起到了重要的作用。

赵口引黄灌区2010—2019年引黄河水情况如表1-1所示。

1.1.2 工程建设的必要性

1.1.2.1 工程存在的主要问题

经多年建设和维护,争取各方资金,目前赵口引黄灌区续建配套项目区配套工程及水资源条件较好,但赵口引黄灌区二期项目区存在较多的问题,灌区水利基础设施薄弱,现有配套工程不完善,工程建设标准低,设施简陋且老化损毁严重;水资源配置不合理,耕地灌溉率低,大部分地区仍是广种薄收。

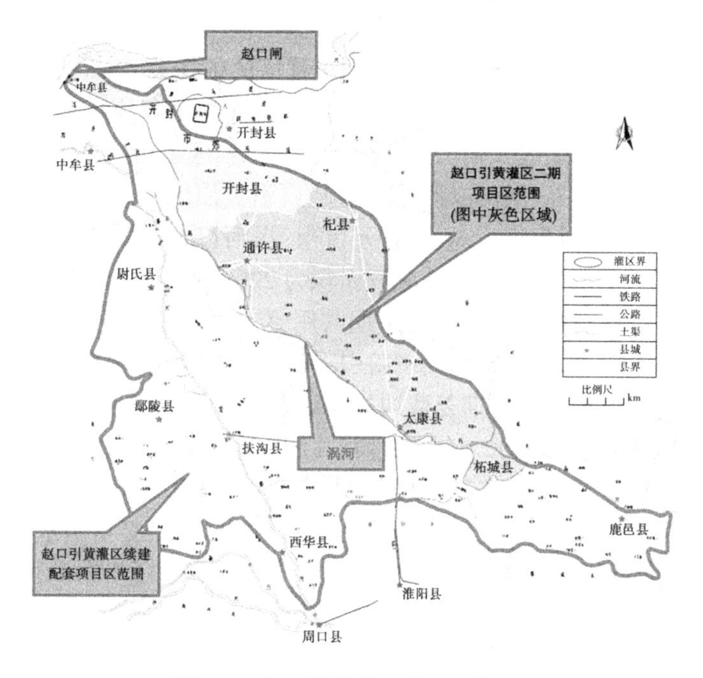

图 1-1　赵口引黄灌区分区示意图

1. 工程体系不完善,抵御自然灾害能力弱

赵口引黄灌区是河南省重要的粮食生产核心区之一。经过多年建设,灌区水利工程基本框架已初步形成,但是工程系统性差,根据《全国大型灌区续建配套与节水改造规划》,列入续建配套与节水改造项目区范围的设计灌溉面积仅为366.50万亩(续建配套项目区),约占耕地总面积的62.4%,尚有220.50万亩的耕地面积未列入国家灌区建设体系范围内,该区域地形平坦,土壤、光热、气候等自然环境条件适合农作物生长,虽有一定的水资源条件和实施灌排工程建设的基础条件,但是现有配套工程不完善,缺乏完

整的工程体系,加上受水资源条件限制,此区域农作物产量持续低迷,抵抗自然灾害的能力弱,多年平均粮食作物单产仅 846 斤❶。经统计,2009 年春,由于连续 100 多天干旱无雨,该区域遭受了 50 年一遇的特大旱灾,其持续时间之长、受旱范围之广、程度之重为历史罕见,受旱面积超过六成,受灾区粮食作物平均减产超过 186 斤/亩(为正常年份平均粮食作物单产的 13%),其中近 3.8 万亩耕地颗粒无收[4]。

表 1-1 赵口引黄灌区 2010—2019 年引黄河水情况

年份	引水量/万 m^3
2010	9 560
2011	21 900
2012	11 875
2013	24 000
2014	23 588
2015	12 400
2016	22 200
2017	21 300
2018	26 270
2019	22 136

2. 水资源供需矛盾突出,配置不合理,与经济社会发展需求不相适应

赵口引黄灌区水资源短缺,特别是涡河以东区域,由于灌区现有工程配套不完善、骨干工程建设标准低、设施简陋且老化损失严重,引黄量不足,长期以来一直依赖于开采利用地下水,超采率达到

❶ 在国家统计局数据中,粮食产量均用斤统计,为数据准确,本书亦采用斤为单位统计。1 斤=0.5 公斤,下同。

33.4%,造成当地地下水资源超采严重,地下水资源环境呈持续恶化趋势,当地水资源难以有效支撑当地社会经济持续发展[5]。

1.1.2.2　**工程建设的必要性**

1.该工程是加快中原经济区和河南省粮食生产核心区建设、发展现代化农业、提高粮食综合生产能力、保障国家粮食安全战略的需要

赵口引黄灌区是黄淮海平原的农产品主产区,是中原经济区的粮食核心区,其涉及的开封县、通许县、杞县、柘城县及太康县均为国家680个粮食生产核心区之一,全部属于中原经济区规划中力争打造的国家20个粮食生产能力超20亿斤的粮食生产大县,是中原经济区重点打造的60个国家商品粮生产基地之一。作为国家和河南省最重要的粮食生产核心区之一,其总增产任务为9.77亿斤,占国家1 000亿斤粮食生产目标的0.98%,占国家粮食生产黄淮海区粮食增产任务的5.9%,占国家分配给河南省粮食增产任务的6.3%。其中,赵口引黄灌区二期范围内的粮食增产任务为2.98亿斤,占国家1 000亿斤粮食生产目标的0.3%。本次赵口引黄灌区二期工程实施后,可提高区域灌溉保证率,实现粮食增产4.09亿斤,完成农村人均纯收入增加值约500元,在全国的粮食核心区建设中和中原经济区建设中都具有极其重要的地位和作用[6]。

2.该工程是完善区域水利基础设施网络、改善水资源条件、增加抗旱能力、促进区域经济协调发展的必然需求

1)国家粮食安全战略和中原经济区战略全面实施,迫切需要改善水资源条件

赵口引黄灌区二期工程设计灌溉面积220.50万亩(其中,保灌面积85.7万亩、未灌面积41.74万亩),据统计,此区域保灌面积内粮食平均单产为482 kg/亩,未灌区域内粮食平均单产为329 kg/亩,此区域潜在粮食增产能力为8.25亿斤,占河南省粮食核心

区粮食增产任务155.3亿斤的5.3%,其中本次赵口引黄灌区二期潜在粮食增产能力为4.09亿斤,占河南省粮食核心区粮食增产任务的2.6%。此区域属于水资源严重短缺区,加上灌区水利基础设施薄弱,引黄量不足,灌区用水主要靠超采当地地下水,基本上依赖于当地水资源,工业用水挤占农业和生态用水,地下水超采现象严重。现状年地下水超采率达33.4%,地下水位持续下降。如遇旱年工农业损失严重,人畜饮水得不到保障,急需引入黄河水改善区域水资源条件[7]。

2)抵抗自然灾害,提高粮食保证能力,迫切需要增加抗旱能力

近年来赵口引黄灌区二期连续发生的特大干旱,折射出本区域水资源短缺的严峻状况和水利工程严重不足的历史欠账。随着区域社会经济的发展需求,缺水将严重影响本区域的社会经济的发展。新建水利工程,引入新的水源对提高区域抗旱能力、改善灌溉条件、增强灌区综合效益的发挥和粮食产量的提高、工农业的增产增收,都具有重要战略意义。

3.实现区域水资源优化配置、充分发挥灌区水土资源优势,迫切需要完善水利基础设施网络

赵口引黄灌区二期水资源条件较好,灌区内的众多河流串通连片,基本形成了很好的供水渠系网络框架。但灌区水利基础设施薄弱,现有配套工程不完善,骨干工程建设标准低,设施简陋且老化损毁严重,当地地表水开发利用率低,仅为19.3%,地下水超采严重,超采率达到33.4%,并仍有41.7万亩完全未得到灌溉。通过本次水利工程的配套建设,当地地表水资源可得到充分利用。形成完善的供水网络后,通过赵口引黄闸引入的黄河水便能顺利配送到扩灌区。因此,要优化区域水资源配置格局,打造区域灌溉水网,充分发挥灌区水土资源条件,建设赵口二期工程是非常必要的[8]。

4. 该工程是改善区域地下水生态环境，实现生产、生态双赢的需要

赵口引黄灌区二期大范围超采地下水带来了地下水污染、土壤沙化等一系列生态问题。近年来，由于地下水水位大幅下降，土壤沙化趋势加重，一些地区还出现了地面裂缝、建筑物发生倾斜、地面积水、道路沉陷等一系列生态环境问题。水环境日趋恶化，使水资源供需矛盾日益突出。因此，积极配套水利工程，引调黄河水，对促进水资源良性循环和可持续利用、改善区域生态环境非常必要。

综上所述，赵口引黄灌区二期工程建设已列入国家 1 000 亿斤粮食增产能力规划项目，是中原经济区建设和河南省粮食生产核心区建设规划的重点项目。项目建成后，可改善灌溉面积约 93.09 万亩，新增灌溉面积 41.68 万亩，平均粮食增产 185.5 斤/亩，年新增粮食产量 4.09 亿斤，超额完成国家分配给本区域的 2.98 亿斤粮食增产任务，并可解决 6.2 万余农村人口吃水困难问题。同时，赵口引黄灌区二期工程的实施，使区域水资源配置和保护格局得到进一步完善，水资源利用效率和效益得到提高，对缓解灌区日益突出的水资源供需矛盾，改善区域生产、生活条件及生态环境有着非常重要的意义。因此，赵口引黄灌区二期工程在中原经济区和河南省粮食核心区建设中具有举足轻重的地位，直接影响河南省能否完成国家确定的增产任务和国家粮食战略工程的顺利实施，尽快实施赵口引黄灌区二期工程建设是十分必要的[9]。

1.1.3　二期工程地理位置及现有工程概况

1.1.3.1　工程地理位置

赵口引黄灌区二期工程位于原赵口引黄灌区东部，是赵口引黄灌区的重要组成部分。赵口引黄灌区二期工程设计灌溉面积为 220.50 万亩，总土地面积 2 174 km^2，范围涉及郑州、开封、周口、商丘等 4 个地市，包括中牟、通许、杞县、太康、柘城等 5 个县及开

封市龙亭区、鼓楼区、祥符区3个区。

根据二期工程建设性质、供水线路布局及行政区划情况,赵口引黄灌区二期工程共划分为4个分区11个计算单元,分别为总干区、中游渠灌区、涡河引水区、惠济河引水区4个分区和总干灌片、东一干灌片、朱仙灌片、下惠贾渠灌片、姜清沟灌片、陈留灌片、石岗灌片、惠济灌片、幸福灌片、团结灌片及宋庄灌片,共11个计算单元。

1.1.3.2 二期工程灌区现状建设情况

1.灌区现有耕地情况

赵口引黄灌区二期工程现状年净耕地总面积为220.50万亩,其中:郑州市中牟县范围内净耕地面积为2.17万亩;开封市范围内净耕地面积为167.33万亩,其中开封市郊0.35万亩,开封县53.64万亩,通许县64.99万亩,杞县48.35万亩;周口市太康县范围内净耕地面积为38.00万亩;商丘市柘城县范围内净耕地面积为13.00万亩。各行政区土地、净耕地面积现状统计见表1-2。

表1-2 赵口引黄灌区二期工程各行政区土地、净耕地面积现状统计

	市名	县名	土地面积/km^2	现有净耕地面积/万亩
按地市划分	郑州市	中牟县	20.60	2.17
	开封市	小计	1 587.41	167.33
		开封市郊	3.53	0.35
		开封县	475.87	53.64
		通许县	638.37	64.99
		杞县	469.64	48.35
	周口市	太康县	414.87	38.00
	商丘市	柘城县	151.07	13.00
	合计		2 173.95	220.5

续表 1-2

	计算单元	涉及县(市)	土地面积/km²	现有净耕地面积/万亩
按计算单元划分	总干灌片	郑州市、开封县、开封市郊	30.10	3.19
	东一干灌片	开封县、开封市郊	93.10	10.54
	朱仙灌片	开封县、通许县	194.7	20.26
	下惠贾渠灌片	开封县、通许县	388.20	40.39
	姜清沟灌片	通许县	25.00	2.60
	陈留灌片	开封县	160.00	18.54
	石岗灌片	通许县	250.10	25.63
	惠济灌片	杞县、通许县	466.90	48.35
	幸福灌片	太康县	265.90	25.00
	团结灌片	太康县、柘城县	178.90	15.60
	宋庄灌片	柘城县	121.20	10.40
	合计		2 174.1	220.5

2. 灌区灌溉现状

目前,赵口引黄灌区二期工程净耕地面积为220.50万亩,有效灌溉面积141.97万亩(其中纯井灌7.49万亩,其余均为井渠结合灌溉),其中,保灌面积为85.74万亩,纯井灌面积7.49万亩,井渠结合灌溉134.48万亩。该区域未灌溉面积为41.68万亩,占本区域耕地总面积的18.9%。

灌区现状农业灌溉用水的86.2%为地下水,其余为少部分当地地表水和引黄河水,灌区灌溉现状及灌溉方式情况统计如表1-3所示。

表1-3 赵口二期灌区灌溉现状及灌溉方式情况统计

单位:万亩

分区	计算单元	现有净耕地面积	现有灌溉方式	有效灌溉面积	保灌面积
总干区	总干灌片	3.19	井渠结合灌溉,由总干渠上的斗渠及支渠引入黄河水联合当地水资源进行灌溉,灌溉退水入马家河	2.09	1.29
中游渠灌区	东一干灌片	10.54	东一干渠供给引黄水	7.06	4.45
	朱仙灌片	20.26	井渠结合灌溉	13.08	7.94
	下惠贾渠灌片	40.39	井渠结合灌溉	26.08	15.83
	姜清沟灌片	2.60	井渠结合灌溉	1.68	1.02
	陈留灌片	18.54	井渠结合自流灌溉	12.98	8.54
	石岗灌片	25.63	井渠结合灌溉	16.48	9.96
惠济河引水区	惠济灌片	48.35	井渠结合灌溉	29.78	16.88
涡河引水区	幸福灌片	25.00	井渠结合灌溉	15.78	9.36
	团结灌片	15.60	井渠结合灌溉	9.47	5.40
	宋庄灌片	10.40	机井灌溉	7.49	5.07
合计		220.50		141.97	85.74

(1)总干灌片。位于赵口引黄灌区二期工程的最上游区域,地域上涉及郑州市中牟县、开封市郊区及开封县。本灌片为赵口灌区二期工程内地下水总补给条件最好的区域之一,现有净耕地面积为3.19万亩,其中郑州市中牟县2.17万亩、开封县0.67万亩、开封市郊0.35万亩。

目前,该灌片有效灌溉面积为2.09万亩(均为井渠结合灌溉),保灌面积为1.29万亩。该灌片由总干渠上的斗渠及支渠引入黄河水联合当地水资源进行灌溉,灌溉退水入马家河。

(2)东一干灌片。北边界和西边界分别为东一干渠和东二干渠,南边界为东二干渠和陈留干渠,东边界为惠济河。东一干灌片所处区域地下水总补给条件较好,该灌片由东一干渠供给引黄水,现有净耕地面积10.54万亩,有效灌溉面积为7.06万亩,保灌面积为4.45万亩。

(3)朱仙灌片。位于东一干灌片西南部,涉及开封县和通许县。本灌片净耕地面积20.26万亩,有效灌溉面积为13.08万亩,目前采用的灌溉方式均为井渠结合灌溉,其中保灌面积为7.94万亩。

(4)下惠贾渠灌片。位于石岗和陈留灌片西部,涉及开封县和通许县。本灌片净耕地面积为40.39万亩。灌片有效灌溉面积为26.08万亩,目前采用的灌溉方式均为井渠结合灌溉,其中保灌面积为15.83万亩。

(5)姜清沟灌片。位于涡河以北与朱仙灌片、下惠贾渠灌片之间的区域,涉及通许县。本灌片耕地面积为2.60万亩。灌片有效灌溉面积为1.68万亩,目前采用的灌溉方式均为井渠结合灌溉,其中保灌面积为1.02万亩。该灌片主要由姜清沟引涡河水灌溉,多年平均利用量约120万m^3。

(6)陈留灌片。地域上均属开封县,现有净耕地面积为18.54万亩。该灌片供水渠系网发达,支渠众多,目前灌片农业灌溉均采用井渠结合自流灌溉方式,有效灌溉面积为12.98万亩,保灌面积为8.54万亩。

(7)石岗灌片。由石岗分干(为东二干三分干,处于东二干末端)供水,属通许县。现有净耕地面积为25.63万亩,年有效灌溉面积为16.48万亩,其中保灌面积为9.96万亩,均为井渠结合灌溉。

(8)惠济灌片。地域上隶属杞县,本灌片现有耕地面积为48.35万亩,目前均为井渠结合灌溉,由惠济河引水至幸福干渠、跃进干渠及东风干渠,而后由跃进干渠输水至小白河,幸福干渠输水至小蒋沟,配合幸福东干渠、幸福西干渠及灌片内11条小河沟,结合灌区浅层地下水控制全灌片。目前,本灌片有效灌溉面积为29.78万亩,其中,保灌面积为16.88万亩。

(9)幸福灌片。地域上隶属周口市太康县,该灌片由幸福干渠的聚合岗引水闸从涡河引黄入渠,现有净耕地面积为25.00万亩,有效灌溉面积为15.78万亩,全部为井渠结合灌溉,目前旱涝保灌面积为9.36万亩。

(10)团结灌片。地处豫东淮海平原,亦隶属太康县,地处赵口引黄灌区二期工程涡河以东最下游,现有净耕地面积为15.60万亩,均采用井渠结合灌溉方式,目前有效灌溉面积为9.47万亩,其中保灌面积为5.40万亩。

(11)宋庄灌片。处于赵口引黄灌区二期工程西南角,宋庄灌片通过宋庄干渠从涡河引水,本灌片虽有较为完善的灌溉渠系,但由于上游灌片为引黄灌溉,本灌片目前全部采用机井灌溉。本灌片现有净耕地面积10.40万亩,有效灌溉面积为7.49万亩,其中保灌面积为5.07万亩。

3.灌区现状供水量、用水量

(1)供水量。赵口引黄灌区二期工程现状年供水量为49 270万m^3。其中,当地地表水(含涡河水750万m^3和惠济河水150万m^3)供水量为2 996万m^3,占总供水量的6.1%;引黄水量为5 612万m^3,占总供水量的11.4%;地下水供水量为40 662万m^3,占总供水量的82.5%。

(2)用水量。赵口引黄灌区二期工程范围内现状年总用水量为49 270万m^3,生活用水量为5 575万m^3,占总用水量的

11.3%，水源为地下水；农业用水量为37 725万m³，占总用水量的76.6%，主要水源为地下水，其余为少部分当地地表水和引黄河水；二、三产业用水量为5 969万m³，占总用水量的12.1%，水源为地下水。

1.1.3.3 二期已建工程

赵口引黄灌区二期工程现有主干渠道16条，总长383.6 km，其中总干渠27.5 km；干渠、分干渠15条，总长245.7 km，支渠24条，总长105.2 km，排水河（沟）道62条，总长1 224 km，主要为灌排合一沟道。渠（沟）系主要建筑物837座，大部分建筑物建于20世纪70~90年代，急需维修以满足使用要求。

1.赵口引黄灌区渠首闸

赵口引黄灌区渠首闸是赵口引黄灌区二期工程与赵口引黄续建配套及节水改造灌区共同的渠首闸。

渠首闸位于郑州市中牟县境内黄河南岸大堤公里桩号42+675处，始建于1970年，改建于1981年，属一级建筑物，2012年进行除险加固。闸室共16孔，设计流量为210 m³/s，加大流量为240 m³/s。其中12孔入赵口引黄灌区总干渠。渠首闸后设计水位84.80 m。

目前，该闸有良好的引水条件，闸址处于黄河南岸万滩弯道段凹岸顶冲处，由于黄河控导工程的作用，运行50多年来，引水口基本靠近主流，闸前从未脱流，引水可靠，其工程状况良好，运行正常，其引水条件、引水规模能够满足赵口总干渠引水要求，因此赵口引黄灌区二期工程仍利用现状赵口引黄闸进行取水。

2.渠系沟道工程

赵口引黄灌区二期工程是在原赵口灌区的基础上进行开发建设的，区内已基本形成较为成熟的灌排体系网络，骨干输配水渠沟已成型并运行多年。区内现状上中游主要有总干渠、北干渠、东一干渠、东二干渠、陈留分干、朱仙镇分干、石岗分干及部分支渠和骨干沟道，涉及中牟县、开封县及通许县。

灌区下游的杞县、太康县、柘城县现状灌溉主要是在天然河道涡河、惠济河及其支流上拦蓄，结合现有的跃进干渠、幸福干渠、东风干渠、太康东干渠、团结干渠、宋庄干渠及其支渠沟进行灌溉。

现有渠道工程线路具体如下。

1）总干渠

总干渠位于灌区西北部，由渠首起自西北向东南垂直等高线布置，渠线经朱固村、秣米店村，跨运粮河，经大胖村过陇海铁路后止，全长约27.5 km。目前，渠首8.6 km已按150 m^3/s进行全断面混凝土衬砌，底宽27 m，边坡1∶2.5，比降1/4 500，可以直接利用，以下渠道现状仍为土渠。

2）北干渠

北干渠自总干渠秣米店节制闸上游引水（总干渠桩号20+370），向东途经杨岗、王府寨退水入马家河北支，全长11.2 km。渠道为土渠，下游部分渠段已填埋，目前，北干渠范围已被列入开封市新区建设范围。

3）东一干渠

东一干渠自总干渠末端（总干渠桩号27+000）引水，沿陇海铁路南侧往东转向南，途经榆园、耿堂、郭庄等村庄，沿郑民高速北侧往东在前扬岗退入上惠贾渠，全长26.9 km。渠道为土渠，目前渠道北侧区域列入开封市新区建设范围，渠道上段由于开封新区建设，部分渠段被占压。

4）东二干渠

东二干渠工程从总干渠末端（总干渠桩号27+545）引水，渠道沿运粮河东侧南下至扇车李折向东，途经老饭店、米店，于刘元寨转向东南，经张坟、余元，在小城村退入涡河故道，全长36.8 km，渠道为土渠。

东二干渠下设3条分干渠，即陈留分干、朱仙镇分干、石岗分干。

陈留分干从东二干刘元寨枢纽处(桩号19+673)引水,往东经范村、前刘、校尉营等村庄,全长22.3 km,渠道为土渠。

朱仙镇分干在东二干老饭店枢纽(桩号13+465)处引水,由北向南退水入香冉沟,全长14.7 km,渠道为土渠。

石岗分干自东二干末端通过小城倒虹吸引水,往东向石岗、斗厢及小清河等处输水,退水入小清河,全长5.2 km,渠道为土渠。

5)通过惠济河引水的干渠

通过惠济河引水的是惠济灌片,涉及杞县,该片通过惠济河现有的罗寨拦河闸及李岗拦河闸拦蓄引水。罗寨拦河闸闸底板高程59.34 m,正常蓄水位63.0 m;李岗拦河闸闸底板高程54.97 m,正常蓄水位59.0 m。

该区域内的现有渠道主要有幸福干渠,由北往南输水,长10.2 km(其下设幸福西分干渠,长34.05 km;幸福东分干渠,长27.7 km,均为南北向渠道,其中幸福西分干渠退水入大堰沟,幸福东分干渠退水入汤庄沟)。跃进干渠,由北向南输水,长19 km,退水入小白河。东风干渠,由北向南输水,长22.5 km,退水入小温河(其下设东风二干渠,由北向南输水,长12.2 km,退水入小蒋河)。渠道现状均为土渠。其中,幸福干渠、跃进干渠由惠济河罗寨拦河闸拦蓄引水,东风干渠由惠济河李岗拦河闸拦蓄引水。

6)通过涡河引水的干渠

通过涡河引水的是幸福灌片、团结灌片及宋庄灌片,涉及太康县及柘城县,主要通过涡河现有的吴庄拦河闸、魏湾拦河闸及玄武拦河闸拦蓄引水。吴庄拦河闸正常蓄水位54.0 m,魏湾拦河闸正常蓄水位49.8 m,玄武拦河闸正常蓄水位45.0 m。

幸福灌片内的现有渠道有太康东干渠,长7.9 km,由西北向东南汇水入幸福渠;幸福渠长21.98 km,由西向东退水入铁底河。渠道现状为土渠。太康东干渠与幸福渠由涡河吴庄拦河闸拦蓄引水。

团结灌片内的现有渠道有团结渠,长14.2 km,由西往东退水入铁底河;东风干渠长7.74 km,由西往东退水入清水河。渠道现状为土渠,其中东风干渠中段部分渠道被填埋。团结渠由涡河魏湾拦河闸拦蓄引水,东风干渠由铁底河小乔子拦河闸拦蓄引水。

宋庄灌片内的现有渠道是宋庄干渠,长8.74 km,往北退水入晋沟河。渠道现状为土渠,由涡河玄武拦河闸拦蓄引水。

7)支渠

赵口二期工程范围内支、斗渠数量众多,由于历史原因,由干渠直接引水的干斗数量众多,支、斗渠交杂,经调查梳理,目前现有支渠28条,直接由干渠引水的干斗渠20条。现状支(干斗)渠均为土渠,大部分支渠(干斗)尚可引水灌溉,但部分渠段坍塌淤积严重,渠形曲折。由于引水、输水困难,支渠(干斗)现状断面均较大,开挖较深,堤身基本不复存在,田间引水灌溉以沿渠分散提水为主。部分支渠(干斗)由于坍塌淤积,加上人为侵占,部分渠段湮灭。

8)沟道

赵口引黄灌区二期工程范围内大部分沟道在20世纪70~90年代先后进行过治理,但由于运行时间日久,现状绝大部分沟道淤积严重,断面偏小,排涝标准不足5年一遇;沟道上的建筑物数量稀少,标准低,且年久失修,工程老化,有的已成为阻水工程,严重影响沟道的排涝行洪。

9)建筑物

赵口引黄灌区二期工程范围内骨干灌排渠系上有主要建筑物837座,大部分建筑物建于20世纪70~90年代,以砖石结构为主,已破败不堪,失去使用价值,仅有少量建筑物建于近年,予以维修或者维持现状可满足使用要求。此外,灌区田间亦分布有大量的田间建筑物,但绝大部分建设年代均较久远,或者由于管理不善,基本已破败不能使用。

1.1.4 本次工程的主要任务、规模与特性

1.1.4.1 工程建设任务

目前,二期工程灌区已经形成了总干渠、东一干渠、东二干渠及分干渠等的灌排体系网络,灌区上游主要依靠总干渠、干渠进行供水,灌区下游主要依靠涡河、惠济河等河流和支渠、斗渠等交叉网络供水。

赵口引黄灌区二期工程的主要任务是建设和续建灌区灌排工程系统和配套工程,主要解决灌区农业灌溉用水需求,并兼顾部分区域乡镇二、三产业供水,同时提升区域水资源配置能力,改善区域水生态环境。

本次引黄工程供水对象主要为农业灌溉。由于工程引黄指标从郑州、开封、周口、商丘引黄指标中调剂解决,所调剂的原指标中有部分二、三产业用水指标,根据黄河水利委员会要求,从水价补偿角度,工程供水任务应增加二、三产业用水。项目实施中将根据供水配套设施完善情况供水。

1.1.4.2 灌区规模

赵口引黄灌区二期位于赵口灌区总干渠—运粮河—涡河以东及柘城涡河以西区域。灌区范围涉及郑州市的中牟县、开封市的城乡一体化示范区、鼓楼区、祥符区、通许县、杞县,周口市的太康县和商丘市的柘城县等5县3区54个乡镇2 000个自然村。本工程不涉及新开垦土地的情况,灌区原有净耕地面积220.50万亩,本次设计灌溉面积220.50万亩,其中:郑州市灌溉面积2.17万亩,开封市灌溉面积167.33万亩,周口市灌溉面积38.00万亩,商丘市灌溉面积13.00万亩。灌区分县、分区灌溉面积见表1-4和表1-5。

按灌溉性质分,本次设计灌溉面积220.50万亩,灌区现有保灌面积85.74万亩,改善灌溉面积93.09万亩,新增灌溉面积41.68万亩。各灌片现有净耕地面积、设计灌溉面积、已有保灌面积、改善灌溉面积、新增灌溉面积统计见表1-6。

表 1-4　赵口引黄灌区二期工程行政分区面积分布

序号	市名	县名	土地面积/km²	现有净耕地面积/万亩	灌溉面积/万亩
1	郑州市	中牟县	20.65	2.17	2.17
2	开封市	小计	1 607.36	167.33	167.33
2.1		开封市郊	3.53	0.35	0.35
2.2		开封县	509.01	53.64	53.64
2.3		通许县	627.92	64.99	64.99
2.4		杞县	466.90	48.35	48.35
3	周口市	太康县	414.92	38.00	38.00
4	商丘市	柘城县	151.01	13.00	13.00
5	合计		2 193.94	220.50	220.50

表 1-5　赵口引黄灌区二期工程各灌片面积分布

统计项	土地面积/km²	现有净耕地面积/万亩	设计灌溉面积/万亩
合计	326.07	220.50	220.50
总干灌片	4.52	3.19	3.19
东一干灌片	13.96	10.54	10.54
朱仙灌片	29.20	20.26	20.26
下惠贾渠灌片	58.22	40.39	40.39
姜清沟灌片	3.75	2.60	2.60
陈留灌片	24.00	18.54	18.54
石岗灌片	37.51	25.63	25.63
惠济灌片	70.03	48.35	48.35
幸福灌片	39.88	25.00	25.00
团结灌片	26.83	15.60	15.60
宋庄灌片	18.18	10.40	10.40

表 1-6 赵口引黄灌区二期工程各灌片灌溉面积情况统计

单位:万亩

分区	计算单元	现有净耕地面积	设计灌溉面积	现有保灌灌溉面积	本次改善灌溉面积	本次新增灌溉面积
总干区	总干灌片	3.19	3.19	1.29	1.58	0.32
中游渠灌区	东一干灌片	10.54	10.54	4.45	5.12	0.97
	朱仙灌片	20.26	20.26	7.94	11.80	0.52
	下惠贾渠灌片	40.39	40.39	15.83	23.53	1.03
	姜清沟灌片	2.60	2.60	1.02	1.51	0.07
	陈留灌片	18.54	18.54	8.54	9.35	0.65
	石岗灌片	25.63	25.63	9.96	14.38	1.29
惠济河引水区	惠济灌片	48.35	48.35	16.88	12.90	18.57
涡河引水区	幸福灌片	25.00	25.00	9.36	6.42	9.22
	团结灌片	15.60	15.60	5.40	4.07	6.13
	宋庄灌片	10.40	10.40	5.07	2.42	2.91
合计		220.50	220.50	85.74	93.09	41.68

1.1.4.3 引黄规模

根据可研和已批复的水资源论证报告,赵口引黄灌区农业灌溉保证率为50%,规划年(平水年 $P=50\%$ 来水条件下)赵口引黄灌区二期工程取水口取水量为23 520万 m^3,其中农业灌溉水量21 250万 m^3,新增生态用水950万 m^3,上游区二、三产业灌溉期间用水以引黄水替代,不增加新的用水量,总引水量1 320万 m^3;非灌溉期间上游区二、三产业取水方式与现状相同,仍采用地下水;按行政区分,郑州市216万 m^3,开封市19 500万 m^3,周口市2 955万 m^3,商丘市848万 m^3。引黄工程供水对象主要为农业灌溉。

1.1.4.4　建设规模

本次工程以现状灌排体系为基本框架,以黄河水、当地地表水和浅层地下水为水源,利用现状的赵口引黄灌区渠首闸引黄河水,通过各级灌溉渠道和涡河、惠济河等天然河道输水,灌排结合、井渠结合满足灌区供水要求。

灌区主要利用已建的赵口渠首闸引黄水,对现有的总干渠、东一干、东二干、陈留分干、朱仙镇分干、石岗分干、现状支渠以及下游的干支渠(沟)等骨干工程进行完善、配套。本次工程共新建、改建渠道40条(其中总干渠1条、干渠9条、分干渠6条、支渠24条),总长401.18 km(其中新建渠道6.56 km、改建渠道394.62 km、现状利用渠道8.60 km);治理沟道32条,总长388.41 km;加固、重建、新建建筑物工程1 026座(主要为节制闸、拦河闸、分水闸、斗门等)。

1.1.4.5　工程特性

河南省赵口引黄灌区二期工程主要特性见表1-7。

表1-7　河南省赵口引黄灌区二期工程主要特性

序号及名称	单位	数量	说明
一、水文(黄河)			
1.流域面积			
引水口以上	km^2	730 000	
2.利用的水文系列年限	年	50	
3.多年平均年径流量	亿 m^3	387.8	
4.代表性流量			
多年平均流量	m^3/s	1 105	

续表 1-7

序号及名称	单位	数量	说明
实测最大流量	m^3/s	4 600	2007 年 7 月 1 日
实测最小流量	m^3/s	1 600	
5. 泥沙			
多年平均含沙量	kg/m^3	3.61	调水调沙后
汛期平均含沙量	kg/m^3	7.57	
非汛期平均含沙量	kg/m^3	1.64	
二、工程规模			
1. 设计灌溉面积			
全灌区	万亩	587	
赵口引黄灌区二期	万亩	220.5	
2. 灌溉设计保证率 P	%	50	
3. 年引水量($P=50\%$)			
全灌区	亿 m^3	4.253 3	
赵口引黄灌区二期	亿 m^3	2.352	
4. 设计引水流量			
全灌区	m^3/s	123.1	
赵口引黄灌区二期	m^3/s	62.9	
三、工程建设永久征地			
1. 迁移人口	人	451	
2. 工程建设征地	亩	6 535.09	
3. 拆迁房屋	万 m^2	2.904 5	
4. 影响专项	影响专项线路 554 条(处),占压长度 58.93 km		

续表 1-7

序号及名称	单位	数量	说明
5. 其他	占压零星树木 1 570 834 株(含已有用地内树木)、机井 645 眼、坟墓 1 231 冢		
四、主要建筑物及设备			
1. 渠道断面及衬砌形式	混凝土衬砌梯形断面		
渠道衬砌厚度	m	0. 1	
2. 总干渠长度	km	27. 575	
流量范围	m^3/s	57. 74~123. 1	
3. 干渠长度	km	156. 41	
流量范围	m^3/s	1. 35~54. 66	
4. 分干渠长度	m^3/s	124. 20	
流量范围	m^3/s	0. 82~22. 41	
5. 支渠长度	km	101. 588	
流量范围	m^3/s	0. 52~2. 65	
6. 河(沟)治理长度	km	388. 411	
7. 建筑物数量	座	1 026	
新建	座	243	
重建	座	786	
改建	座	2	
维修	座	13	
保留利用	座	52	
渠道节制闸	座	57	

续表 1-7

序号及名称	单位	数量	说明
河道节制闸	座	101	
分水闸	座	69	
退水闸	座	34	
斗门	座	274	
渠道渡槽	座	1	
渠道倒虹吸	座	7	
排水倒虹吸	座	6	
桥梁	座	529	
五、施工			
1. 主体工程数量			
明挖土方	万 m^3	908.21	
填筑土方	万 m^3	406.12	
混凝土和钢筋混凝土	万 m^3	112.88	
砌石方	万 m^3	12.73	
钢筋及钢绞线	万 t	29 964	
2. 主要建筑材料数量			
木材	万 m^3	1.05	
水泥	万 t	46.87	
钢材	万 t	3.21	钢材含钢筋、锚筋、锚杆
砂	万 m^3	74.70	
碎石	万 m^3	110.64	

续表 1-7

序号及名称	单位	数量	说明
块石	万 m^3	13.90	
汽油	t	691	
柴油	t	13 583	
3. 所需劳动力			
总工日	万工日	455.84	
高峰工人数	人	3 800	
4. 施工动力及来源		电网供电	
5. 施工工期	月	28	
六、经济指标			
1. 工程部分			
建筑工程	万元	234 872.44	
机电设备及安装工程	万元	7 463.77	
金属结构设备及安装工程	万元	2 890.90	
临时工程	万元	14 430.39	
独立费用	万元	29 577.49	
静态总投资	万元	319 258.49	
其中:基本预备费	万元	29 023.50	
2. 建设征地移民补偿			
静态总投资	万元	102 772.66	
3. 环境保护工程			
静态总投资	万元	8 834.30	

续表 1-7

序号及名称	单位	数量	说明
4. 水土保持工程			
静态总投资	万元	8 476.90	
5. 投资合计			
静态总投资	万元	439 342.35	
七、综合利用经济指标			
单位灌溉面积投资	元/亩	1 992.48	
经济效益费用比		1.15	社会折现率 $i_s=6\%$
经济内部收益率	%	6.75	
经济净现值	万元	44 493	社会折现率 $i_s=6\%$
斗口总成本水价	元/m^3	0.61	
斗口运营成本水价	元/m^3	0.29	

1.1.5 工程建设内容及等级

1.1.5.1 工程建设内容

二期工程灌区已经形成了初步的灌排体系网络，根据目前已有的水利工程现状及工程建设任务，本灌区工程建设内容为对原有的灌排体系网络进行改建、扩建和完善，主要包括40条渠道、32条沟道及1 026座建筑物。

1. 渠道工程

本灌区改建及建设工程涉及渠道40条，总长约401.18 km。包括总干渠1条，长18.982 km；干渠9条，总长156.41 km；分干渠6条，总长124.20 km；支渠24条，总长101.588 km。按建设性质分，现状利用渠道8.60 km，新建渠道6.56 km（共2处，分别长

2.00 km和4.56 km),改建渠道394.62 km;按工程措施分,渠道衬砌401.18 km,利用现状渠道8.60 km。渠道工程建设内容见表1-8。

表1-8 渠道工程建设内容

序号	渠道名称	建设性质	设计渠长/km	设计灌溉面积/万亩	工程措施/km		
					渠道衬砌	渠道治理	现状利用
一	合计(40条)		409.78		401.18		8.60
二	总干渠(1条)		27.582		18.982		8.60
1	渠首—已衬砌末端	利用现状	8.60	587			8.60
	已衬砌末端—朱固枢纽	改建	6.74	587	6.74		
	朱固枢纽—大胖退水闸	改建	11.493	220.50	11.493		
	大胖退水闸—渠末	改建	0.749	166.90	0.749		
三	干渠(9条)		156.41		156.41		
1	东一干渠		25.99	10.54	25.99		
1.1	渠首—角绿岗支渠口	改建+新建	12.65	10.54	12.65		
1.2	角绿岗支渠口—百庙岗支渠口	改建	3.65	8.43	3.65		
1.3	百庙岗支渠口—渠末	改建	9.69	6.32	9.69		
2	东二干渠		36.84	153.17	36.84		
2.1	渠首—朱仙镇分干	改建	13.58	153.17	13.58		
2.2	朱仙镇分干—陈留分干	改建	6.03	132.91	6.03		
2.3	陈留分干—渠末	改建	17.23	62.56	17.23		
3	杞县跃进干渠		18.38	13.67	18.38		
3.1	渠首—常寨对口闸		12.47	13.67	12.47		
3.2	常寨对口闸—渠尾	改建	5.91	11.57	5.91		
4	杞县幸福干渠	改建	10.15	26.33	10.15		
5	杞县东风干渠		22.52	6.35	22.52		

续表 1-8

序号	渠道名称	建设性质	设计渠长/km	设计灌溉面积/万亩	工程措施/km		
					渠道衬砌	渠道治理	现状利用
5.1	渠首—东风二干渠	改建	0.47	6.35	0.47		
5.2	东风二干渠—渠尾	改建	22.05	3.95	22.05		
6	太康幸福干渠		21.98	25.00	21.98		
6.1	渠首—大新河	改建	9.23	25.00	9.23		
6.2	大新河—渠尾	改建	12.75	16.97	12.75		
7	团结干渠		14.23	13.00	14.23		
7.1	渠首—大新河	改建	8.00	13.00	8.00		
7.2	大新河—渠尾	改建	6.23	7.50	6.23		
8	太康东风干渠	改建	7.74	4.70	7.74		
9	宋庄干渠		8.74	10.40	8.74		
9.1	渠首—红泥沟	改建	3.63	10.40	3.63		
9.2	红泥沟—渠尾	改建	5.12	5.30	5.12		
四	分干渠(6 条)		124.20		124.20		
1	朱仙镇分干	改建	14.68	20.26	14.68		
2	陈留分干		26.78	66.89	26.78		
2.1	渠首—孙王斗渠	改建	22.23	66.89	22.23		
2.2	孙王斗渠—渠尾	改建+新建	4.56	57.91	4.56		
3	石岗分干	改建	5.21	25.63	5.21		
4	杞县幸福西干渠	改建	34.05	8.05	34.05		
5	杞县幸福东干渠	改建	27.70	14.48	27.70		
5.1	渠首—四棵柳沟	改建	7.85	14.48	7.85		
5.2	四棵柳沟—渠尾	改建	19.85	8.85	19.85		
6	杞县东风二干渠	改建	15.79	2.40	15.79		

续表 1-8

序号	渠道名称		建设性质	设计渠长/km	设计灌溉面积/万亩	工程措施/km		
						渠道衬砌	渠道治理	现状利用
五	支渠(24 条)			101.588	69.42	101.588		
1	杞县幸福东分干渠	白庙庄支渠	改建	3.02	2.56	3.02		
2		陶屯支渠	改建	5.60	2.38	5.60		
3		曹里王支渠	改建	2.87	2.15	2.87		
4	杞县幸福西分干渠	李寨支渠	改建	3.343	1.15	3.343		
5		牛角岗支渠	改建	2.02	1.09	2.02		
6	跃进干渠	菜固支渠	改建	3.467	2.30	1.606		
7	小白河	路关庄支渠	改建	2.57	2.90	2.57		
8	幸福干渠	齐寨支渠	改建	1.606	1.60	1.606		
9	小清河	斗厢支渠	改建	8.517	5.10	8.517		
10	石岗分干	石岗支渠	改建	4.07	7.31	4.07		
11	东二干	唐岗支渠	改建	3.85	3.90	3.85		
12		龙王庙支渠	改建	4.695	1.69	4.695		
13	朱仙镇分干	何寨支渠	改建	1.38	1.90	1.38		
14		李寨分支渠	改建	5.647	1.80	5.647		
15		乔寨支渠	改建	10.60	3.10	10.60		
16		宋寨支渠	改建	1.65	3.70	1.65		
17		黄岗支渠	改建	1.55	3.40	1.55		
18		辛庄支渠	改建	1.168	3.56	1.168		
19	陈留分干	夏寨支渠	改建	4.00	2.55	4.00		
20		冯羊支渠	改建	10.084	1.34	10.084		
21		范村支渠	改建	7.70	2.14	7.70		
22	东一干	杨岗支渠	改建	1.39	1.68	1.39		
23		百亩岗支渠	改建	5.11	2.35	5.11		
24		角绿岗支渠	改建	5.681	2.55	5.681		

2. 沟道工程

赵口引黄灌区二期工程范围内共治理及重建沟道 34 条,总长 408.29 km。沟道工程建设内容见表 1-9。

表 1-9　沟道工程建设内容

河沟名称	建设性质	沟道长度/km	所属片	说明
涡河	治理	9.77	—	祥符区通许县界—裴庄闸段
大新沟	重建	38.59	幸福灌片、团结灌片	治理
小白河	重建	33.25	惠济灌片	—
仲庄沟	重建	15.70	下惠贾渠灌片	—
故道西支	重建	12.24		—
谢李沟	重建	10.50		—
城尔岗沟	重建	7.62		—
练城支沟	重建	10.58		—
塔湾东支	重建	6.78		—
姜清沟	重建	5.77	姜清沟灌片	—
安岭沟	重建	13.40	石岗灌片	—
八支沟	重建	6.10		—
老王庄沟	重建	9.85		—
三支沟	重建	9.22		—
公路沟	重建	1.48		—
于任沟	重建	16.94		—
岭西支沟	重建	5.09		—

续表 1-9

河沟名称	建设性质	沟道长度/km	所属片	说明
杞河西支	重建	9.17	惠济灌片	—
汤庄沟	重建	4.06		—
四棵柳沟	重建	7.22		—
安桥沟	重建	14.46		—
谷熟岗沟	重建	12.89		—
板张沟	重建	9.08		—
昝寨南沟	重建	3.40		—
官庄沟	重建	10.12		—
高底沟	重建	9.77	幸福灌片、团结灌片	—
潘河	重建	23.46		—
新高底河	重建	20.08		—
老高底河	重建	12.59		—
焦石沟	重建	20.28		—
太康清水河	重建	14.77		—
王河	重建	10.18		—
晋沟河	重建	6.38	宋庄灌片	—
皇集沟	重建	7.50	团结灌片	—

3. 建筑物工程

本灌区工程根据需要布置各种类型建筑物 1 078 座,其中新建建筑物 243 座、重建建筑物 768 座、改建建筑物 2 座、维修建筑物 13 座、现状保留建筑物 52 座。按建筑物类型分,控制工程 535

座、河渠交叉建筑物工程 11 座、路渠交叉建筑物工程 532 座。控制工程中,干支渠节制闸 57 座、拦蓄河(沟)道用于灌溉的河道节制闸 101 座、干支渠分水闸 69 座、斗门 274 座、退水闸 34 座;河渠交叉工程中跨(穿)河的渠道渡槽 1 座、渠道倒虹吸 4 座以及排水倒虹吸 6 座;路渠交叉建筑物中跨渠桥梁 529 座,跨路渠道倒虹吸 3 座。建筑物工程建设内容见表 1-10。

表 1-10 建筑物工程建设内容 单位:座

类别	重建	新建	改建	维修	保留	合计
渠道节制闸	30	14		6	7	57
河道节制闸	30	36		5	30	101
分水闸	34	20		1	14	69
斗门	120	154				274
退水闸	19	15				34
河渠交叉渠道渡槽				1		1
河渠交叉渠道倒虹吸	3	1				4
河渠交叉排水倒虹吸	5				1	6
路渠交叉渠道倒虹吸		3				3
桥梁	527		2			529
合计	768	243	2	13	52	1 078

1.1.5.2 工程等级

1. 工程等别

赵口引黄灌区二期工程设计灌溉面积 220.50 万亩,依照《水利水电工程等级划分及洪水标准》(SL 252—2017),确定本灌区工程等别为一等,工程规模为大(1)型。

2. 工程级别

1)灌排渠系及渠系建筑物工程级别和使用年限

灌区干、分干渠及渠系建筑物工程级别:根据其流量确定其工程级别为2~5级;根据工程级别确定其合理使用年限为20~50年,2级永久性水工建筑物中闸门的合理使用年限为50年,其他级别的永久性水工建筑物中闸门的合理使用年限为30年。

2)灌溉支渠及渠系建筑物工程级别

由干渠(分干渠)引水的支渠有24条,流量为0.52~2.65 m^3/s,渠道及渠系建筑物工程级别为5级。根据工程级别确定其合理使用年限为20~30年。5级永久性水工建筑物中闸门的合理使用年限为30年。

3)河(沟)道工程级别

河(沟)道工程级别根据确定的级别与灌溉流量按其中较高的级别确定为4~5级,根据工程级别确定其合理使用年限为20~30年。

4)建筑物工程级别

建筑物工程级别确定为3~5级。合理使用年限为30~50年。

1.1.6 工程布置与主要建筑物

1.1.6.1 工程总体布置原则

1. 与现有灌排工程相结合

赵口引黄灌区二期工程是在现有引黄灌溉区及地方灌排系统基础上进行开发利用的,灌排体系已成网络,部分区域骨干工程已有相当规模,应充分利用现有灌排体系及水利设施,减少占地,节约投资。

2. 因地制宜,根据确定的分区灌溉模式布置灌排系统

灌区范围大,面积广,各区域自然条件存在差异,工程基础也不尽相同。在灌区地势较高的上中游,引、排水条件好,采用灌排

分设和灌排合一的灌溉模式,以渠灌为主、井灌为辅。灌区中下游充分利用河(沟)道坑塘蓄水,补充地下水资源,采用井渠结合、沿渠分散提水的灌溉模式,以井灌为主、渠灌为辅。灌排体系应根据灌溉模式进行布置。

3. 灌排渠沟布置

从控制灌区设计灌溉面积出发布置灌排渠沟。渠线布置尽量顺直,并满足施工、运行管理要求,同时适当考虑交通、群众生产生活需要。靠近城镇处,如开封城区处应与城市规划及水系规划相结合。灌溉系统和排水系统的布置应协调一致,满足灌溉和排涝要求,有效控制地下水位,防止土壤盐碱化和沼泽化。

4. 灌排渠系建筑物布置

建筑物的布置应满足灌排系统水位、流量、泥沙处理、运行、管理等功能要求,并适应交通、便于施工。建筑物轴线宜为直线,为减少新增占地,一般轴线与渠河(沟)道轴线保持一致。河(沟)渠交叉建筑物应根据河(沟)渠水位、流量相对关系,交叉位置地形地质条件综合分析选定建筑物形式。河(沟)道上建设的具有拦蓄功能的河道节制闸工程应满足河(沟)道排涝、行洪的需要。

针对渠道上现有或已有桥梁进行排查,对于已满足要求的进行保留,对于不能满足要求或有新需求的进行拆除重建或新建,在干渠、支渠上共改建或新建设置桥梁531座,布置满足因渠道交叉、穿越工程而造成的当地村民交通需要。

1.1.6.2 渠首工程

本工程渠首利用已建的赵口引黄灌区渠首闸进行取水,该闸现状引水条件、引水规模能够满足赵口总干渠引水要求,不再另外新建渠首工程。

1.1.6.3 灌溉渠系工程

根据灌区引水口的位置、各灌片的分布以及现状输水渠系分布情况,通过新建、改建和利用各级渠道完成灌区渠系的布置。

灌区渠系总体布置情况如下：

(1)灌区布置1条总干渠,9条干渠,6条分干渠,24条支渠以及62条灌排合一沟道。其中涡河和惠济河作为向灌区下游的输水通道和排水总承泄区。

(2)总干渠1条,渠首8.59 km为现状利用,剩余渠段18.9 km利用现状渠道改建,主要是进行渠道断面治理及衬砌节水改造。

(3)9条干渠中,东一干渠新建渠道2 km,其余23.814 km渠段为现状渠道改建,东二干渠、杞县幸福干渠、跃进干渠、杞县东风干渠、太康幸福渠、团结干渠、太康东风干渠、宋庄干渠等8条渠道均为现状渠道改建,主要是进行渠道断面治理及衬砌节水改造。

(4)6条分干渠中,除陈留分干渠尾4.56 km新建外,其余朱仙镇分干、石岗分干、幸福西分干渠、幸福东风干渠、东风二干渠均为现状渠道改建,主要是进行渠道断面治理及衬砌节水改造。

(5)24条支渠均为现状渠道改建,主要进行渠道断面治理及衬砌节水改造。

(6)60条河(沟)道中,28条为现状利用,32条为在现状河(沟)道基础上重建,主要进行河(沟)道断面扩挖治理。

(7)涡河、惠济河作为向灌区下游输水通道和排水总承泄区。其中涡河输水利用段为运粮河沟口至玄武拦河闸(涡河桩号15+200~139+900),总长124.7 km;惠济河输水利用段为杞县跃进干渠入口至李岗拦河闸(惠济河桩号29+930~54+092),总长24.162 km。根据涡河河道治理情况,涡河祥符区通许县界至裴庄闸(涡河桩号17+500~27+500)按5年一遇除涝标准进行治理,惠济河治理列入专项工程。

1.总干渠工程

总干渠由渠首起自西北向东南垂直等高线布置,原渠线经朱固村、秫米店村,跨运粮河,经大胖村过陇海铁路后止,长27.575

km。控制赵口全灌区灌溉面积 587 万亩,渠首设计水位 83.053 m。

总干渠桩号 0+000~8+596,目前已按 150 m^3/s 流量进行全断面混凝土衬砌;桩号 8+596~27+575,现状渠道为土渠,不能满足二期工程供水要求(引水流量 61.9 m^3/s)。本次按 123.1 m^3/s 流量进行全断面混凝土衬砌后,可满足全灌区的供水要求。本次按相应流量进行全断面混凝土衬砌,长度 18.979 m。渠道沿线布置主要建筑物 5 座,其中渡槽 1 座、节制闸 3 座、退水闸 1 座。

总干渠渠道全断面衬砌,采用 C25F150W6 现浇混凝土板,厚度为 0.1 m。渠道左、右岸堤顶宽度 5 m,兼作运行管理道路,路面宽度 4 m,道路全宽 5 m,面层为 200 mm 厚 C25 混凝土,基层为 200 mm 厚二八灰土。渠道沿线布置主要建筑物 2 座,其中维修渡槽 1 座、重建退水闸 1 座。

总干渠利用现状渠段桩号 0+000~8+596,长 8.596 km;渠道衬砌改建段桩号 8+596~27+575,长 18.98 km。

2. 东一干渠工程

根据东一干渠恢复方案,恢复后的东一干渠自总干渠桩号 27+470 处引水,全长 25.982 km,设计灌溉面积 10.54 万亩。东一干渠下设 3 条支渠、1 条干斗渠,支渠均进行改建衬砌。东一干渠渠道全断面衬砌,采用 C25F150W6 现浇混凝土板,厚度为 0.1 m。渠道左、右岸堤顶宽 2 m,由于东一干渠位于开封规划新区范围内,新区道路可以满足渠道运行管理的需要,不再设置专用道路。渠道沿线布置的主要建筑物有东一干进水闸、袁付庄节制闸、百亩岗节制闸、杨岗节制闸及前杨岗退水闸及各穿路倒虹吸、暗涵等。

由东一干渠引水的河(沟)道为上惠贾渠,自前杨岗退水闸退水入沟,上惠贾渠列入中小河流治理规划。东一干控制东一灌片灌溉。

3. 东二干渠工程

东二干渠从总干渠末端(总干渠桩号 27+575)引水,渠道沿运粮河东侧南下至扇车李折向东,途经老饭店、米店,于刘元寨转向东南,经张坟、余元,在小城村退水入涡河故道,全长36.845 km,灌溉面积169.50万亩。

东二干渠现状为土渠,规划东二干渠全段进行改建混凝土衬砌,全长36.85 km。

东二干渠渠道全断面衬砌,采用C25F150W6现浇混凝土板,厚度为0.1 m。渠道左岸堤顶宽2 m,右岸堤顶宽5 m,右岸堤顶兼作运行管理道路,路面宽4 m,道路全宽5 m,面层为200 mm厚C25混凝土,基层为200 mm厚二八灰土。渠道沿线布置主要建筑物13座,其中节制闸6座、分干渠引水闸3座、支渠引水闸2座、退水闸2座。

本次规划东二干渠全段进行混凝土衬砌改建,全长36.845 km,东二干渠下设2条支渠,均进行混凝土衬砌改建,3条引水河(沟)道,其中马家沟现状断面满足5年除涝要求,且满足输水要求,涡河故道及下惠贾渠均列入中小河流治理,待工程实施后直接利用。

3条分干渠分述如下。

1)朱仙镇分干

朱仙镇分干在东二干老饭店枢纽(桩号13+584.4)处引水,由北向南沿途经过老饭店、辛庄、木鱼寺、古城、庙岗、马湾等村退水入香冉沟,全长14.7 km,规划灌溉面积20.26万亩。

朱仙镇分干全段和下设的6条支渠,全长14.678 km,全部进行衬砌改建,采用C25F150W6现浇混凝土板,厚度为0.1 m。渠道左岸堤顶宽2 m,右岸堤顶宽5 m,右岸堤顶兼作运行管理道路,路面宽度4 m,道路全宽5 m,面层为200 mm厚C25混凝土,基层为200 mm厚二八灰土。

渠道沿线布置主要建筑物10座,其中渠首引水闸1座、节制闸3座、支渠分水闸5座、退水闸1座。由朱仙镇分干引水的沟道有2条,均满足5年一遇除涝标准,现状利用即可。

2)陈留分干

陈留分干在东二干刘元砦枢纽(桩号19+617.9)处引水,渠道现状长度22.3 km,本次规划由陈留分干向惠济灌片输水,由陈留分干径直向东延伸,经校尉营村、方庄村以南,孙营村、孟庄、张庄以北之间耕地新开渠道4.23 km退水入惠济河,全长26.78 km,规划灌溉面积18.54万亩。

陈留分干下设3条支渠,干斗渠5条,干渠、支渠均进行衬砌改建,采用C25F150W6现浇混凝土板,厚度为0.1 m。渠道左岸堤顶宽2 m,右岸堤顶宽5 m,右岸堤顶兼作运行管理道路,路面宽4 m,道路全宽5 m,面层为200 mm厚C25混凝土,基层为200 mm厚二八灰土。

沿线布置主要建筑物15座,其中渠首引水闸1座、节制闸5座、支渠分水闸3座、河道倒虹吸3座、退水闸3座。

下设3条引水沟道,其中下惠贾渠、铁底河均列入中小河流治理工程,惠济河列入专项工程治理,工程实施后直接利用即可。

3)石岗分干

石岗分干现状自东二干末端通过小城倒虹吸引水,沿涡河故道东侧向南,折向东穿过兰南高速与大广高速相交的高架桥,从石岗村南经过,向石岗、斗厢及小清河等处输水,最后退入小清河,全长5.2 km,规划灌溉面积25.63万亩。

石岗分干干渠5.21 km,下设支渠1条,均进行混凝土衬砌。沿线布置主要建筑物3座,其中渠首倒虹吸1座、节制闸1座、分水闸1座。下设引水沟道3条,其中小清河列入中小河流治理工程,工程实施后直接利用即可,枣林沟及公路沟现状满足5年一遇除涝标准,本次不再治理。

4.由惠济河引黄河水的骨干渠系布置

由惠济河引水的是惠济灌片,惠济灌片由东二干的陈留分干向东延伸 4.56 km 输水入惠济河。利用惠济河已建罗寨闸将引黄水引入幸福干渠、跃进干渠，利用惠济河已建李岗闸将水引入东风干渠，该片灌溉面积为 48.35 万亩。该灌片主要利用河沟坑塘蓄水，补充地下水资源，采用井渠结合、沿渠分散提水的灌溉模式，故渠道予以断面治理满足引输水要求即可。

1）惠济河输水利用段

惠济河输水利用段为河道桩号 29+930～54+092，总长 24.162 km，本次利用河段及罗寨拦河闸、李岗拦河闸均为现有工程，不进行河道治理。

2）幸福干渠

幸福干渠自惠济河罗寨闸上游右岸进水闸引水，长约 10.151 km，灌溉面积 26.33 万亩。渠道现状为土渠，底宽 6 m，过流能力 22 m^3/s。

幸福干渠下设 2 条分干渠、1 条支渠、2 条斗渠、2 条灌排合一支沟，按现状断面治理后渠坡护砌，采用 C25F150W6 现浇混凝土板，厚度为 0.1 m。

沿线布置主要建筑物 6 座，包括渠首进水闸 1 座、分水闸 5 座。幸福干渠下设两条分干渠，现分述如下：

（1）幸福西分干渠。幸福西分干渠自幸福干渠尾曹里王进水闸起，渠线由北至南，经金村、牛角岗、丁寨、湖岗等村至郑寨南退水入大堰沟，长约 34.05 km，灌溉面积 8.05 万亩。

幸福西分干渠下设 2 条支渠，按现状进行断面治理后渠坡护砌；沿线布置主要建筑物 14 座，包括渠首进水闸 1 座、节制闸 8 座、分水闸 4 座、退水闸 1 座；下设 6 条灌排合一沟道。

（2）幸福东分干渠。幸福东分干渠自干渠尾曹里王进水闸起，渠线沿原线路向东南经高阳、周庄、五里井等村至定张村南退水入铁底河，长约 27.696 km，灌溉面积 14.48 万亩。

幸福东分干渠下设 5 条支渠，按现状断面治理后渠坡护砌；沿线布置主要建筑物10座,包括渠首进水闸1座、节制闸4座、分水闸4座、退水闸1座。

3)跃进干渠

跃进干渠自惠济河罗寨闸上游惠济河桩号29+020处右岸引水,全长18.338 km,灌溉面积13.67万亩。

跃进干渠下设1条支渠,按现状进行断面治理后渠坡护砌;渠道沿线布置主要建筑物5座,包括渠首进水闸1座、节制闸2座、分水闸2座;下设2条灌排合一沟道。

4)东风干渠

东风干渠自惠济河李岗闸上游惠济河桩号53+150右岸引水,由北至南,途经丁楼、谢寨、堤刘、和庄,于沟岭岗村北退水入小温河,渠道全长约22.5 km,灌溉面积6.35万亩。

东风干渠下设1条分干渠,按现状断面治理后渠坡护砌,沿线布置主要建筑物7座,包括渠首进水闸1座、节制闸4座、分水闸1座、退水闸1座。渠道东风干渠下设东风二干渠:

东风二干渠自东风干渠桩号DFG0+465处唐寨引水闸引水,位于东风干渠东部,由北至南,途经聂岗、小高寨、魏寨,退水入小蒋河,渠道全长约15.787 km,灌溉面积2.4万亩。

东风二干渠按现状进行断面治理后渠坡护砌,渠道沿线布置主要建筑物4座,包括渠首进水闸1座、节制闸2座、退水闸1座。

5.由涡河引黄河水的骨干渠系布置

由涡河引水灌溉的灌片为幸福灌片、团结灌片及宋庄灌片。向这三个灌片供水线路是利用总干渠秫米店退水闸退水入运粮河至涡河。幸福干渠利用涡河吴庄拦河闸拦蓄引水控制幸福灌片,团结渠利用涡河魏湾拦河闸拦蓄引水、东风干渠由铁底河小乔子拦河闸拦蓄引水控制团结灌片,宋庄干渠利用涡河玄武拦河闸拦蓄引水控制宋庄灌片。

1)涡河输水利用段

涡河输水利用段为运粮河沟口至玄武拦河闸(河道桩号15+200~139+900),总长124.7 km。涡河河道现状:涡河河源至祥符区通许县界(桩号0+000~17+500)现状已按5年一遇除涝标准进行治理。裴庄闸至郝庄(桩号27+500~46+200)段现状河道堤防基本完整,主槽断面基本满足5年一遇除涝标准。祥符区通许县界至裴庄闸段河道现状可以满足输水要求,但不能满足5年一遇除涝标准,本工程将按5年一遇除涝标准进行治理。

2)幸福干渠

幸福干渠由涡河吴庄拦河闸拦蓄引水控制幸福灌片灌溉,幸福干渠进水口在聚台岗村西部,由西至东,途经郭庄、徐庄、王泽普,至张子书村沿G106折向北入小新沟,利用小新沟河道约1.8 km由北向南,再折向东,经王新庄,于铁佛寺村北退水入铁底河,全长21.98 km。灌片由幸福干渠分别向王沟、大堰沟、大新沟、小新沟、铁底河等沟河送水,控制灌溉面积约24万亩。

幸福干渠按现状进行断面治理后渠坡护砌;沿线布置主要建筑物6座,包括渠首进水闸1座、节制闸4座、退水闸1座;下设5条灌排合一沟道。

3)团结干渠

团结干渠与东风干渠控制团结灌片灌溉,控制灌溉面积约15.6万亩。

团结干渠利用涡河魏湾闸上游左岸小店引水闸引水,由西南至东北,途经刘楼、杨庄、高朗,至郭寨退水入铁底河,全长14.232 km。团结干渠按现状进行断面治理后渠坡护砌,采用C25F150W6现浇混凝土板,厚度为0.1 m;沿线布置主要建筑物4座,包括渠首进水闸1座、节制闸2座、退水闸1座;下设6条灌排合一沟道。

东风干渠由铁底河小乔子拦河闸拦蓄引水,由西至东,途经小乔村,至潘河,转向南,利用潘河约370 m,再折向东,经徐庄、大孙庄退水入清水河，全长 7.74 km。东风干渠按现状进行断面治理后渠坡护砌，沿线布置主要建筑物 4 座，包括渠首进水闸 1 座、节制闸 2 座、退水闸 1 座。

4）宋庄干渠

宋庄干渠控制宋庄灌片灌溉。宋庄干渠由涡河玄武拦河闸拦蓄引水，进水口在宋庄村北部涡河右岸，由北至南，途经大史庄、王楼、张炳庄退水入晋沟河，全长 8.74 km，控制灌溉面积 10.4 万亩。

宋庄干渠按现状进行断面治理后渠坡护砌；沿线布置主要建筑物 2 座，包括渠首进水闸 1 座、节制闸 1 座；下设 4 条灌排合一沟道，分别为生产沟、红泥沟、清水河和晋沟河。

1.2 自然环境现状

1.2.1 自然地理及范围

赵口引黄灌区二期位于河南省黄河南岸东部大平原，豫东黄淮平原，地理位置为：北纬 33°40′～34°54′，东经 113°58′～115°48′，地域上以三刘寨狼城岗和黑岗口灌区为界；西以赵口引黄灌区总干渠—运粮河—涡河为界；东至惠济河干流—杞县东县界—太康县界，南以柘城南县界为界。灌区范围包括郑州市的中牟县，开封市的金明区、鼓楼区、祥符区、通许县和杞县，周口市的太康县以及商丘市的柘城县。灌区全部位于淮河流域，土地面积 2 174 km^2，耕地面积 220.50 万亩。

1.2.2 地形地貌

赵口引黄灌区二期工程位于黄河南岸，绝大部分地区属黄河冲积平原，少部分属黄河漫滩。区内地势较平坦，西北向东南微倾，西北（中牟县）高程 80～85 m（1956 年黄海高程系，下同，比

1985 国家高程基准高 0. 029 m),东南部(柘城)地面高程约 40 m,地面坡降为 1/8 000~1/3 000,形成了大致平行的数条由西北向东南的河流。近代黄河泛滥历史,不仅对本区全新统地层的发育起重要作用,而且直接影响到本区的微地貌形态,使得灌区内总体地形较为平坦,局部地段受河流切割影响,微地形起伏较大,具有明显的坡、平、洼。本区按地貌形态可划分为黄河漫滩区和黄河冲积平原区。

A 区:为黄河漫滩区,分布在灌区北部黄河大堤以内,地面高程 82~87 m,为黄河近代冲积物。靠近大堤为高漫滩,靠近河流为低漫滩。

B 区:为黄河冲积平原区,西北高、东南低。大部地形平坦,局部受河流、冲沟切割形成沟谷微地貌。

黄河大堤以南 1~6 km 处,因受历史上洪水冲淤和人工挖土修堤,地表形成洼地和沙丘,微地貌发育。

灌区北部中牟县东部、开封县西部及尉氏县西北部局部地区分布有风成沙丘,这些地区是黄河历次决口泛滥的主流地带,沉积了颗粒细微又无黏结力的中细砂、粉细砂,后经风力分选搬运堆积形成大小不等的呈片状或带状的沙丘沙垄,相对高差 5~8 m,少数达 10 m,经植树造林大部分沙丘处于固定状态或半固定状态。

1. 2. 3　土壤与植被

1. 2. 3. 1　**土壤**

灌区内土壤主要受黄河泛滥冲淤泥沙运动的影响,表层土壤质地分布情况错综复杂。根据 2010 年土壤普查资料,灌区内共有潮土、风沙土、盐土三个土类。潮土类是灌区主要分布的亚类较多的土壤,是由黄河冲积发育而成的,面积大、分布广、种类多;风沙土类是受黄河泛滥主流颗粒较粗的沉积物经风力多次搬迁堆积而成的一个类型,灌区各县均有分布;盐土类耕层含盐量在 0. 2%~

1.0%,以氯化物盐类为主,氯离子占负离子毫克当量总数的30.3%~43.3%,主要分布在沿黄背河洼地一带,其他县(郊)亦有零星分布。

1.2.3.2 植被

因灌区所属气候区为暖温带半干旱大陆性季风气候区,因此灌区内植物适生面广。因人类长期的开发活动,原生自然植被现均已被各种农作物所替代。极少部分区域还存在一些野生植被资源,主要有菊科、木本科、蔷薇科、豆科、莎草科、百合科,主要树种有栓皮栎、麻栎、木斛栎、山杨、国槐、毛白杨、刺槐、旱柳、泡桐、柏树及其他灌木丛。

1.2.3.3 旱涝灾害

灌区内干旱、洪涝、风沙、雹霜等自然灾害时有发生,其中尤以旱灾和涝灾最为严重。新中国成立初期,背河洼地及低洼地带仍有盐碱灾害,随着水利建设的不断发展,目前灌区盐碱灾害基本消除。旱灾新中国成立以来共发生 17 次,尤以 1988 年、1994 年、2009 年灾情面积大,受灾严重,旱灾以初夏出现机会最多,春旱次之,秋旱和伏旱也有出现。往往出现先旱后涝,涝后又旱,旱涝交错局面。新中国成立后涝灾共发生 12 次,涝灾来势迅猛且危害严重,但自 1986 年以来,灌区内未发生大面积涝灾。

1.2.4 河流水系

赵口灌区二期北侧为黄河干流,是灌区的取水水源。

灌区内的河流均属于淮河流域涡河水系,均为季节性河流,枯水期断流,主要河流有涡河、惠济河、铁底河、涡河故道等。

1.2.4.1 黄河

黄河干流在灵宝市进入河南省境内,干流孟津以西是一段峡谷,水流湍急,孟津以东进入平原,干流流经兰考县三义寨后,转为东北行,至台前县出境,横贯全省长达 711 km。黄河从灌区边缘经过,为过境河流,本工程从黄河干流赵口闸引水,引水闸附近黄河花园口站多年平均天然径流量560亿m^3,其中汛期332亿m^3,非汛期228亿m^3。

1.2.4.2 灌区内河流

灌区内河沟众多,均属涡河水系,位于淮河流域上游。主要包括涡河、惠济河、运粮河、涡河故道、铁底河等,全部为季节性河流。

涡河是淮河第二大支流,淮北平原区河道。发源于河南省开封市,东南流经河南省和安徽省,于安徽怀远县城入淮河,涡河全长380 km,流域面积15 905.0 km^2。河南省境内涡河主要有惠济河、大沙河两大支流。

惠济河是涡河第一大支流,属淮北平原区河道。发源于河南省开封市郊,流经河南省东部和安徽省西北部,于安徽省亳州市大刘柴村汇入涡河,交汇口以上惠济河全长174 km,流域面积4 135.0 km^2。惠济河主要支流有马家河、淤泥河等。

运粮河为涡河源头,发源于河南省开封市以西,黄河南堤脚下,东南流向,穿过中牟县与开封市之间的陇海铁路,自杏花营农场的秫米店村西北入开封县境内,穿杏花营、仙人庄、西姜寨、朱仙镇等乡(镇),最后于大李庄乡的四合庄入涡河。运粮河全长35.6 km,流域面积214.0 km^2。

涡河故道位于河南省东部,原为黄河水入涡河的泛道,20世纪50年代治理后改名涡河故道,其上段称马家沟,发源于开封市西北部黄河大堤南侧,东南流经开封市西南郊后进入开封县,马家沟流经开封县西南部地区,继而在万隆乡东南进入通许县后始称涡河故道。涡河故道东南流经通许县中部,杞县官庄乡西部,最后于太康县西北角芝麻洼乡邢楼村西北注入涡河。全长106.7 km,流域面积688.0 km^2。

铁底河位于河南省东部,是涡河左岸的一条支流,发源于开封县陈留镇西南,穿过通许县东北角进入杞县境,东南流经杞县西南部的高阳镇、苏木乡等乡(镇),至板木乡北,宗店乡西,折向南,进入太康县,流经太康县东部地区,最后于朱口镇南部小李村西注入涡河。全长 103 km,流域面积 693.1 km^2。

除上述河流外,灌区内还有灌排合一的干沟(河),其中,流域面积大于 100 km^2 的有 10 余条,流域面积在 0~100 km^2 范围内的有 50 余条,干支沟(河)与干支渠(沟)道纵横交错,形成渠沟(河)网络。区内河道因受水土流失及近些年引黄退水的影响,普遍淤积严重,同时因城市排放污水和工业废水,水质受到一定程度的污染。区内排水系统基本形成,多年来部分河沟按 5 年一遇标准治理,但仍有河沟排水标准偏低。

灌区内主要河流基本情况见表 1-11。

表 1-11 灌区内主要河流基本情况

序号	主要河流	河流等级	河沟性质	流域面积/km^2	境内流域面积/km^2	河总长/km	境内河长/km	河流性质	汇入河流
1	涡河	一级支流		15 905.0	4 014.0	179.0	147.6	过境河流	淮河
2	惠济河	二级支流		4 315.0	1 265.0	256.0	57.8	过境河流	涡河
3	太康清水河	二级支流	灌排合一	88.7	88.7	14.8	14.8	境内河流	涡河
4	铁底河	二级支流	灌排合一	693.1	693.1	88.4	88.4	境内河流	涡河
5	大新沟	二级支流	灌排合一	288.2	288.2	38.6	38.6	境内河流	涡河
6	大堰河	二级支流	灌排合一	206.1	206.1	22.9	22.9	境内河流	涡河
7	涡河故道	二级支流	灌排合一	688.0	688.0	106.7	106.7	境内河流	涡河
8	下惠贾渠	二级支流	灌排合一	110.4	110.4	25.9	25.9	境内河流	涡河
9	孙城河	二级支流	灌排合一	140.0	140.0	30.9	30.9	境内河流	涡河
10	运粮河	二级支流	灌排合一	214.0	214.0	35.6	35.6	境内河流	涡河
11	柘城清水河	二级支流	灌排合一	70.6	32.3	45.3	7.0	过境河流	西四淝河

续表 1-11

序号	主要河流	河流等级	河沟性质	流域面积/km^2	境内流域面积/km^2	河总长/km	境内河长/km	河流性质	汇入河流
12	小蒋河	三级支流	灌排合一	133.0	76.3	81.6	25.6	过境河流	惠济河
13	马家河	三级支流	灌排合一	193.2	193.2	29.6	29.6	境内河流	惠济河
14	小温河	三级支流	灌排合一	68.9	68.9	17.9	17.9	境内河流	铁底河
15	板张沟	三级支流	灌排合一	51.5	51.5	16.2	16.2	境内河流	铁底河
16	小新沟	三级支流	灌排合一	135.6	135.6	38.1	38.1	境内河流	大新沟
17	小白河	三级支流	灌排合一	118.5	118.5	33.3	33.3	境内河流	大埝河
18	小清河	三级支流	灌排合一	152.3	152.3	43.5	43.5	境内河流	涡河故道
19	马家沟	三级支流	灌排合一	104.2	104.2	30.0	30.0	境内河流	涡河故道
20	上惠贾渠	三级支流	排水	142.4	142.4	17.1	17.1	境内河流	涡河故道
21	韦政岗沟	三级支流	排水	103.8	103.8	16.1	16.1	境内河流	上惠贾渠
22	大高庙沟	三级支流	排水	63.9	63.9	17.3	17.3	境内河流	下惠贾渠
23	上东一干排	四级支流	排水	65.4	65.4	14.4	14.4	境内河流	马家沟
24	杞河西支	四级支流	灌排合一	54.6	35.0	36.3	24.1	过境河流	杞河

1.2.5 水文泥沙

1.2.5.1 水文

1. 黄河

黄河干流东西横穿河南省中部地区，省辖黄河流域面积约3.62万km^2，占全省面积的21.9%。黄河花园口水文站是距离赵口引黄灌区二期最近的水文站，花园口水文站以上集水面积为73万km^2，2013年花园口站实测年径流量为327.5亿m^3，1974—2015年花园口站$P=50\%$实测径流量为317.2亿m^3。

2. 涡河

灌区内涡河玄武站,集水面积为 4 014 km^2,观测有 1983—2013 年共 31 年实测年径流量数据。涡河年径流量是赵口引黄灌区二期当地地表水的主要来源。在充分考虑上游对河道水的开采量和灌区工业生活的排水量后,对实测径流量进行了还原计算。根据 1983—2013 年涡河玄武站水文测站天然年径流长系列数据,涡河玄武站平水年(P=50%)天然径流量为 2.41 亿 m^3;多年平均天然年径流量为 2.97 亿 m^3。

1.2.5.2 泥沙

1. 调水调沙前黄河径流泥沙情况

因受气候地形等自然因素的影响,天然情况下黄河水资源有水少、沙多、水沙异源、年际变化大、年内分配集中等特点。根据黄河花园口站 1974—2014 年共 41 年实测黄河水沙系列资料分析,花园口处黄河多年平均来水量 320.37 亿 m^3,平均来沙量 6.22 亿 t,其中汛期来水量占全年来水量的 55.6%,汛期来沙量占全年来沙量的 81.56%。从含沙量分析,1974—2001 年,多年平均含沙量 15.36 kg/m^3,汛期 28.06 kg/m^3,非汛期 6.28 kg/m^3,泥沙主要来源于汛期 6~10 月,占全年来沙量的 84%,而 7 月、8 月来水量则占全年来水量的 56%。

从黄河泥沙颗粒级配分析,调水调沙前,汛期较非汛期略细,泥沙颗粒级配情况大致是:细沙(d<0.025 mm)占 51.19%、中沙(d=0.025~0.05 mm)占 26.11%、粗沙(d>0.05 mm)占 22.7%,悬移质多年平均粒径为 0.032 mm。

2. 调水调沙后泥沙情况

自小浪底水库蓄水以后,黄河花园口站泥沙含量明显减小,2002—2014 年,黄河花园口泥沙含量情况为:汛期多年平均含沙量为 5.12 kg/m^3,非汛期多年平均含沙量为 1.15 kg/m^3,多年平均含沙量为 3.2 kg/m^3。

调水调沙后，汛期较非汛期略细，泥沙颗粒级配情况大致是：细沙（$d<0.025$ mm）约占20%，中沙（$d=0.025\sim0.05$ mm）占55%左右，粗沙（$d>0.05$ mm）约占16%，悬移质多年平均粒径0.032 mm。

3. 其他河流泥沙

灌区河流因受引黄水影响，成为平原河流含沙量高值区，河流含沙量因地势和水流速度等的影响而呈自上游向下游逐渐减少的分布规律。

灌区内河流含沙量一般在2.0～3.5 kg/m^3，其中主干河流涡河上游邸阁站附近年均含沙量为2.21 kg/m^3，年均输沙量为57.9万t，年均输沙模数为458 t/km^2。河流含沙量多年变化呈减少趋势，其中代表河流涡河含沙量最为明显，其上游邸阁站含沙量近20年较前20年含沙量减少幅度接近60%。

1.2.5.3 气候与气象

赵口引黄灌区二期范围属季风型大陆性气候，四季交替明显，冬季在蒙古高压控制下，盛行西北风。气候干燥，天气寒冷。夏季西太平洋副热带高压增强，暖湿海洋气团从西南、东南方向侵入，冷暖空气交替频繁，促使降雨量特别集中。

1. 降水

多年平均降水量：据各县气象站降水量资料，灌区多年平均降水量为729 mm。上游灌区多雨年可达1 025 mm（1984—1985年），少雨年仅318 mm（1959—1960年）；下游灌区多雨年可达1 148 mm（1984年），少雨年仅365.9 mm（1978年）。

降水年际变化：灌区季风气候的不稳定性和天气系统的多变性，造成灌区年际间降水量差别很大，具有最大降水量与最小降水量相差很大和年际间丰枯变化频繁等特点。多数地区最大降水量与最小降水量的差值在600～1 200 mm，极值降水量比值一般为2～4，比值南部小于北部。

降水年内分配:灌区降水量年内分配特点与水汽输送的季节变化有密切关系,其特点表现为汛期集中,季节分配不均匀,最大月、最小月相差很大。灌区降水量主要集中在6~9月,这4个月的降水总量占全年降水量的66%。灌区多年平均降水量及年内分配见表1-12。

表1-12 灌区多年平均降水量及年内分配

月份	1月	2月	3月	4月	5月	6月
降水量/mm	11.7	15.5	30.0	43.8	61.7	84.5
分配/%	1.61	2.13	4.12	6.01	8.47	11.59
月份	7月	8月	9月	10月	11月	12月
降水量/mm	186.9	137.5	74.9	43.3	26.7	12.6
分配/%	25.63	18.85	10.27	5.94	3.67	1.72

2.气温

灌区气候温和,冬冷夏炎,四季分明,多年平均气温为14.2℃。1月气温最低,多年平均最低气温为-0.4℃;7月气温最高,多年平均最高气温为27.2℃。历史极端最低气温-17.2℃(1958年1月10日),历史极端最高气温为42.9℃(1966年7月19日)。

3.蒸发量

项目区蒸发量从南至北增加,多年平均蒸发量为990 mm,约为多年平均降水量的1.4倍。干旱持续时间较长,蒸发量年际变化不大,年内变化大,最大月蒸发量多出现在5~6月。各行政区多年平均蒸发量见表1-13。

表1-13　灌区多年平均蒸发量　单位:mm

测站	郑州	开封					商丘
	中牟县	通许县	尉氏县	开封县	杞县	郊区	柘城县
蒸发量	845	938	1 182	1 044	980	1 150	895
测站	周口					许昌	灌区平均
	扶沟县	西华县	太康县	鹿邑县	淮阳县	鄢陵县	
蒸发量	930	832	960	924	915	994	990

4. 无霜期及日照

灌区多年平均无霜期216 d,最长年份达261 d,最短年份为178 d,初霜期一般在10月30日前后,终霜期在3月30日前后。灌区光能资源充足,多年平均日照时数2 391.6 h,日照百分率54.6%。

5. 洪涝灾害

灌区处于副热带季风区,大陆性季风气候明显,冷暖气团交替频繁,降雨时空分布不平衡,因此自然灾害较多。主要自然灾害有洪、涝、旱、风、雹等,对农业和人民生命财产威胁最大的是旱灾,其次是洪涝灾。经常发生春旱秋涝,涝了又旱,旱涝交错的局面。

1.2.5.4　工程水文地质

本区地处黄河冲积平原,全区均为第四系松散沉积地层,地下水赋存于这些厚度巨大的分布广泛的地层孔隙中,其赋存条件与分布规律取决于沉积物孔隙的大小、厚度及埋藏条件,受岩性、构造、地貌、气象和水文等因素的控制,在这些因素中岩性起着主导作用。

按照本区松散堆积层不同的地质时代,含水层的埋藏深度、补给条件、水力性质等水文地质特征,将松散岩类孔隙含水层组划分为40 m以上的浅层水(潜水)和40~500 m的中深层水(承压水)

两类。

因历史上黄河多次溃决、改道，直接影响和控制该区全新统地层的水文地质条件。第四系全新统的中、细砂层是本区浅层地下水的主要含水层，含水层顶板埋深不等，浅者 7.0 m，深者 20 m 左右。含水层分布厚度不均，由北部的约 30 m 厚，向南逐渐变薄为 10 m 左右(通许一带)。其上覆粉质壤土或砂壤土，局部为粉质黏土，为主要的隔水层或弱透水层。浅层地下水可直接接受大气降水和地表水入渗补给，经蒸发、开采及河流侧渗排泄，属于第四系松散岩土类孔隙潜水，局部地方略具承压性质。

灌区浅层含水层组分布的总体规律是：北部厚度大，粒度粗；南部厚度小，粒度细。在纵向上，自故道带上游至下游(自西北向东南)，含水砂层厚度由厚变薄，层数由单层变多层，粒度由粗变细；在横向上，自主流带向两侧至泛流带或泛流边缘带，含水砂层厚度由厚变薄，层数由单层变多层，粒度由粗变细。

由于黄河在本区多次泛滥，黄河冲积物在主流带，泛流带及泛流边缘带均有较大差异。黄河主流带：主要分布在中牟—尉氏北闹店—通许沙沃集一线以北，呈西北东南向分布。从中牟西北至开封县的范村，为黄河故道上游地段，由于黄河多次在此流经，使故道相连或复叠。黄河主流带砂层厚达 20~25 m，且分布稳定，岩性以中粗砂为主，含砾石。开封以东，为黄河故道下游地段，呈带状分布，可分为四支，分别分布于开封牛庄—曲兴、太平岗—八里湾、半坡店—杞县田程寨及付集。砂层 1~2 层，厚度 15~20 m，以细、中砂为主。黄河泛流带：主要分布在尉氏东部、通许南部、鄢陵扶沟以北、涡河以西，其次是北部的故道相间地带。如开封以东的陇海铁路沿线附近；陈留—阳堌及高阳—吕屯一带，呈西北、东南向分布，砂层单层厚度较薄，一般有 2~3 层砂，总厚度 10~20 m，岩性为中细砂，层间夹砂壤土、粉质壤土。黄河泛流边缘带：分布在除上述范围的其他地区，如通许竖岗—陈子岗和杞县裴村店附近。砂层厚度小于10 m，岩性为粉细砂，多层出现，单层薄，连续性差，多呈透镜体。

1.3 水生态环境现状

涡河、惠济河水质较差，为Ⅳ～劣Ⅴ类，部分断面不能满足相应水环境功能区的水质目标要求，超标因子主要为COD、氨氮、BOD_5、总磷等，超标原因主要为当地地表水水量较小，枯水期基本没有天然来水，水环境容量小，另外，水体流经开封市、开封县、通许县、杞县，接纳了沿线城镇排放的生活污水和工业废水，造成灌区水体污染。本次工程实施过程中对照《河南省碧水工程行动计划(水污染防治工作方案)》《河南省辖淮河流域水污染防治攻坚战实施方案(2017—2019年)》《河南省“十三五”生态环境保护规划》提出的整治措施和水质目标要求，按照方案要求，将实施开封市、开封县、杞县、通许县、太康县等区域的生活、工业污染源治理工作，城市、县城污水处理厂、配套管网的建设和升级改造工作，重点乡镇建设污水处理设施建设工作，以及面源污染控制工作，截至2020年，灌区涡河、惠济河水质稳定达到Ⅳ类和Ⅴ类水质目标，可确保工程输水水质安全。

灌区目前的主要水源为地下水，主要采用井渠灌溉的方式，目前该区存在地下水超采的问题，二期工程区平均地下水资源量为3.61亿m^3，实际开采量为4.07亿m^3，地下水资源超采率达33.4%，导致灌区地下水位持续下降，产生大面积漏斗区，特别是开封市及部分县城乡镇附近已形成复合降落漏斗，最大埋深超过30 m。区域水资源开发利用应开源节流，寻找新的水源，增加区域水资源量，同时对区域生活、工业、农业进行节水改造，逐步减少地下水开采量，退还超采的地下水量，减缓区域地下水位的持续下降。

1.4 研究背景

水资源是经济社会发展的重要支撑,水环境质量的好坏直接关系到人类的生存。当前日趋剧烈的人类活动不断对地表水造成破坏,河流生态系统趋于退化,服务功能逐渐丧失。2012 年 1 月,国务院发布了《关于实行最严格水资源管理制度的意见》,确定了水功能区限制纳污红线。水利部提出至 2030 年我国水功能区达标率要达到 95%以上[10]。

赵口引黄灌区长期以来一直依赖于开采利用地下水,造成地下水资源环境呈持续恶化态势,河道内的生态用水被挤占,水体自净能力严重下降,水生态功能退化,再加上缺乏完整的工程体系,灌区水生态环境日益恶化。赵口引黄灌区二期工程的建设可补充河流水系生态环境用水,但是缺乏有效的基于工程运行条件下改善水生态环境的水资源优化调度方案,不能利用有限的水资源有效改善河流水生态环境。

本书坚持以生态文明思想为指导,以落实“节水优先”为主要出发点,以“系统治理”为思想方针,针对黄河流域生态保护国家需求,结合赵口引黄灌区二期工程的建设状况,对灌区水生态环境综合改善技术进行研究,明晰灌区水生态环境现状,综合评价灌区水生态安全状况,构建水动力-水质耦合模型模拟分析灌区水环境演变,以及水系连通对区域水质的短、长期影响,提出适宜灌区水生态环境综合整治技术的建议。为赵口引黄灌区二期工程向现代化灌区发展和生态文明建设提供依据,既有利于推动我国大中型灌区的高质量发展,又为我国的粮食安全提供了保障。

1.5 研究目标

本书立足黄河流域生态保护国家需求,结合赵口引黄灌区二期工程的发展状况,对灌区水生态环境的综合改善进行研究,提出适宜赵口引黄灌区二期工程的水生态环境综合整治技术,助推灌区生态环境改善和高质量发展。

1.6 主要研究内容

通过监测取样分析灌区水生态环境现状,构建灌区水生态安全评价指标体系,综合评价灌区水生态安全状况,构建水动力-水质耦合模型模拟分析灌区水环境演变,以及水系连通对区域水质的短、长期影响,提出适宜灌区水生态环境综合整治技术的建议,为赵口引黄灌区二期工程水生态环境改善提供支撑。

(1)实地踏勘调研赵口引黄灌区二期工程水生态环境状况,绘制灌区主要河网水系基本构架,遴选典型断面与测点开展水生态环境指标监测;分析区域地表地下水资源、水环境容量、地下水开采、生态环境用水等进行调查,分析影响灌区水生态环境变化的因子;构建灌区水生态安全评价指标体系,对灌区水生态环境进行综合评价。

(2)依托灌区河沟渠基本构架及水生态环境多项指标监测数据,构建灌区水动力-水质耦合模型,模拟计算灌区河沟渠水系水量水质动态,结合灌区工程实际分析水系连通对区域水质的短、长期影响,以及水系连通性动态变化对灌区边界河流水环境容量的影响。

(3)根据灌区水生态环境状况,以及灌区水生态环境变化的模拟结果,结合赵口引黄灌区二期工程水系连通情况及运行方式,研究提出适宜灌区健康水循环的水体交换、水质改善和水生态修复的综合调控技术体系。

1.7　研究思路

本书按照"实验监测—评价模拟—技术对策"的整体思路开展研究,融合现场查勘、重点监测、理论分析及模型计算等方法手段,以赵口引黄灌区二期工程水生态环境现状调查为基础,分析灌区水流脉络连通、生态环境用水利用等主要水生态环境问题,研究工程建设期与运行期灌区河流水系的连通性与水生态建设、区域水环境安全之间的关系,以改善区域水生态环境、提升水生态文明建设水平为目标,提出灌区水生态环境综合改善技术。项目研究方法与技术路线见图1-2。

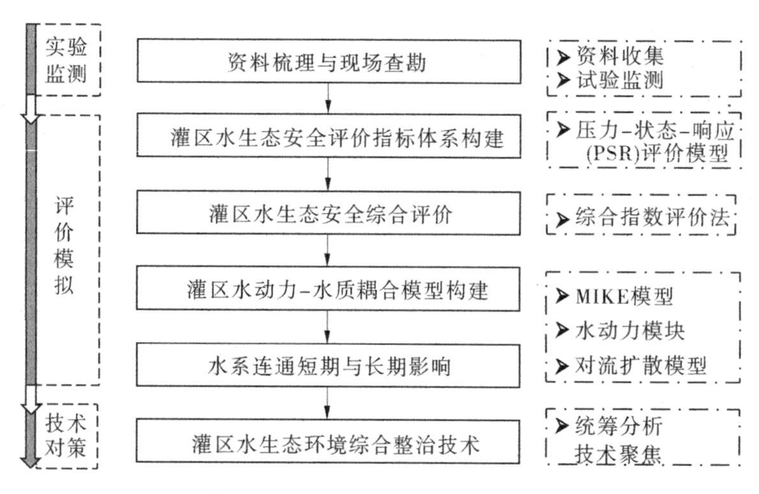

图1-2　项目研究方法与技术路线

1.8 灌区水生态环境监测

1.8.1 灌区实地勘察

2020年8月,开始就赵口引黄灌区二期工程相关事宜进行前期交流(见图1-3),先后对赵口引黄灌区二期工程范围内的水生态环境现状进行3次实地勘察(见图1-4),掌握赵口引黄灌区二期范围内的水生态环境基本状况。

图1-3 项目交流现场

1.8.2 灌区河沟渠构成

通过实地勘察及与赵口引黄灌区二期工程各标段人员现场交流,绘制了赵口引黄灌区二期工程范围内的主要河沟渠等基本构成,涵盖边界河流2条(涡河、惠济河)、灌区内河流19条,灌区内渠道33条,灌区内沟道50条(见图1-5)。

图 1-4　实地勘察现场

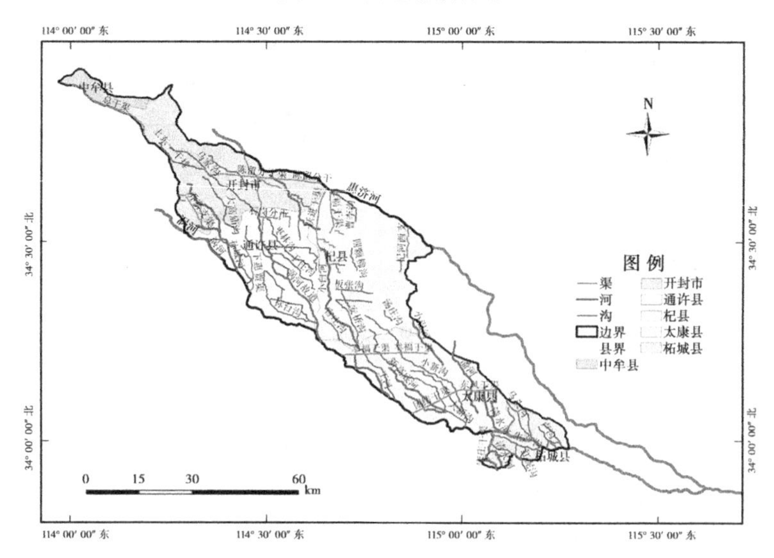

图 1-5　赵口引黄灌区二期工程河沟渠基本构成

1.8.3 关键断面监测

根据灌区轮廓特征,结合项目研究内容,重点把控灌区中下游进出通量,基于灌区河沟渠与边界交汇情况,遴选点绘 19 处典型断面,合计 39 个测点(见图 1-6),其中与涡河交汇点 11 个(河点 4 个、渠点 3 个、沟点 1 个、闸点 3 个),与惠济河及边界交汇点 6 个(河点 3 个、渠点 2 个、闸点 1 个)。

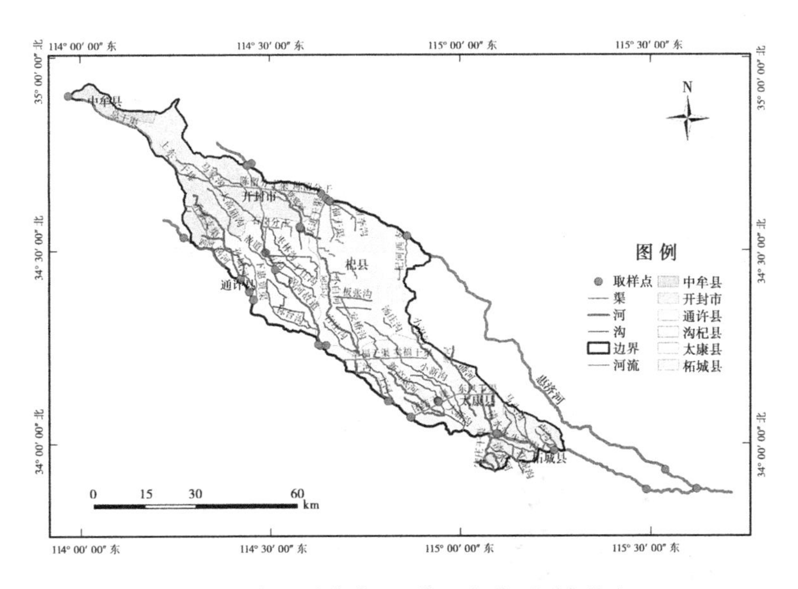

图 1-6 赵口引黄灌区二期工程典型测点分布

1.8.4 现场取样过程

项目组在设置的典型测点进行了多次取样检测,每次取样检测间隔为 1 个月,取样类别涵盖水体、土壤、水生植物,检测指标包含总氮、总磷、铵态氮、硝态氮、浊度、溶解性固体总量、溶解氧等[11-14]。部分取样现场如图 1-7 和图 1-8 所示。

图 1-7 取样现场(水土植)

图 1-8 取样现场(EXO 现场检测)

参考文献

[1] 马莉, 皇甫明夏, 邢云飞,等. 河南省赵口灌区改革开放四十周年回眸[J]. 河南水利与南水北调, 2019,48(4):87-88.

[2] 孙瑜. 基于水利现代化视角下的赵口灌区发展问题研究[D]. 开封:河南大学, 2013.

[3] 崔洪涛. 河南省赵口灌区续建配套与节水改造工程[C]//2018年6月建筑科技与管理学术交流会论文集. 2018:70-72.

[4] 朱翠民, 皇甫泽华, 皇甫玉锋. 河南省赵口灌区面临的问题与对策[J]. 河南水利与南水北调, 2012(23):45-46.

[5] 李珊珊. 制约赵口灌区发展的问题与对策[J]. 河南水利与南水北调, 2022, 51(3): 60-61.

[6] 侯君, 蒋亚涛. 赵口引黄灌区存在的问题及建议[J]. 科技传播, 2011(12):103,107.

[7] 皇甫明夏, 马莉, 王汴歌,等. 赵口灌区二期工程建设的必要性浅析[J]. 河南水利与南水北调, 2017,46(8):58-59.

[8] 马莉."四水同治"推进赵口引黄灌区二期工程建设[J]. 河南水利与南水北调,2019,48(3):93-94.

[9] 贾西斌, 罗福太. 论赵口引黄灌区二期工程的可行性[J]. 河南水利与南水北调, 1999(1):36.

[10] 国务院. 国务院关于实行最严格水资源管理制度的意见[J]. 河南水利与南水北调, 2013(6):6-8.

[11] 吴彩芸. 杭州新西湖人工湿地的植物物种多样性及其水生态环境研究[D]. 杭州:浙江大学, 2007.

[12] 张殿发, 林年丰. 洮儿河流域农业水生态环境研究[J]. 水政水资源, 2015(1):47-49.

[13] 李思阳. 高州水库生态环境评估与水环境因子时空变化特征研究[D]. 兰州:兰州理工大学, 2013.

[14] 戴薛萍. 水资源保护与水生态环境修复研究[J]. 生态环境与保护, 2021, 3(11):59-60.

第2章　灌区水生态安全评价指标体系

2.1　水生态安全评价研究

2.1.1　水生态安全的内涵

2.1.1.1　水安全

研究水生态安全，首先需要理解水安全的内涵。国内外学者关于水安全的认识还不统一，涉及的概念大都是从某一个视角出发，研究内容也大不相同。

Carlos Moscuzza 等利用水质指数评估阿根廷平原农业区河流水质，以确保流域水安全。Wu Zhaoshi 等利用水质指数评价太湖流域河流水质，为流域水管理提供参考。Sanjay Kumar Sundaray 等将多变量统计技术用于评价印度贡迪河水质的时空变化，利用多元统计技术评估水质营养（氨、总氮、总磷等）与一些理化特性，评估水质状况。他们着重从水的理化性质方面研究水安全，突出了水质这个重点，而实践中，水安全不仅牵扯到水质（干净、卫生的水），还与水够不够用等（水量）水安全的其他内涵息息相关，因此从水质这个层面定义水安全还不够全面。

WAN Rongrong 等根据湖泊水文状况评估鄱阳湖水安全状况，提出洪水和干旱是鄱阳湖的主要水安全问题。Dong Qianjin 等采用干旱熵和证据推理算法对干旱时期的水安全风险进行了评价，从水安全风险角度认识水安全。这个水安全的内涵描述中，从水灾害视角研究水安全,同样是从水安全内涵的一个侧面进行描述,缺乏对水安全系统全面的认识。

WANG JianHua 等在变化环境条件下河流水量和水质的综合模拟与评价中,指出传统的单一水体水质评价方法已不能满足水资源管理的要求,建立了水质水量耦合模型。Emma S 等提出了水安全状态指标(WSSI)评价方法,整合了与水质和水量有关的变量。由于单独从水质或水量视角看待水安全存在欠缺,因此这个水安全的内涵中耦合了水质、水量两个方面,具有很好的现实指导意义,但实践中,水量足、水质好并不意味着水安全,水的调控管理等也是很重要的方面。

Bunyod 等从农业、电力、工业几方面建立评价指标体系,评估非洲南部发展中国家的经济发展水安全状况。Emma R. Kelly 等在《卫生检查和水质分析的关键回顾》一文中,强调了水管理在保障水安全方面的重要性;Wang Xuan 等从水资源的优化配置角度看待水安全问题。水安全最突出的表现就是能够为人类经济社会服务,满足人的需求,水资源的优化配置、管理调控是水安全内涵的一个重要方面。这里在水安全的内涵中强调了水管理,但均是从水安全内涵的一个方面进行论述。

由此可以看出,学者们从水质、水量、水管理、水灾害等不同层面认识水安全。以往对水安全的认识,是坚持以人为中心的思想定义水安全,主要看水在服务功能方面是否满足人的现实需求,若能够满足人的需求,水安全状况即为良好,反之亦然。实践中,我们不仅关注水安全在当前各方面的状态,更应关注的是人类综合经济、社会、自然环境各方面因素保障水安全所采取的调控措施以及水安全的发展变化趋势,包括自然过程及人类经济社会活动的综合影响。

2.1.1.2　生态安全

当前,生态安全研究呈现出明显的系统性和复杂性,尚未形成统一的生态安全概念，通过梳理，主要分为以下4种理论内涵和外延[1]。

表2-1 生态安全的内涵

序号	主要思想	概念内容	主要学者
1	以以人为本为主题，探讨环境安全与人类可持续发展的关系	生态安全是以人为本的战略性概念，指各国家、区域层面内生态资源状况能够支撑人类经济社会发展需求，既要防止生态环境退化对可持续发展能力的削弱，又要防止发生重大环境问题	陈国阶、曲格平等
2	以生态系统健康为主题，了解生态系统的服务功能状况	生态安全是自然生态系统、半自然生态系统的安全状况，是这两个生态系统的完整性及健康性，表征生态系统结构性、功能性及其对人类及经济社会行为的支撑能力	马克明等[2]
3	以生态系统脆弱性为主题，了解生态系统在风险作用下的演变趋势	从生态安全风险及健康两个方面定义生态安全，反映了人类社会能够可持续发展，自然生态系统能够保持健康、稳定，并支撑了生态系统的发展演化	王根绪、崔胜辉等[3-4]
4	以系统关系梳理为主题，了解系统的结构组成及主要影响因子	生态安全研究是对生态系统作用机制、演化机制的识别，是一个过程性概念，注重对系统影响因素，内部作用机制的研究	郭秀锐等[5]

由此可以看出,生态安全的定义中,最重要的特点就是体现了系统性和综合性,均是以生态系统作为研究对象。从概念内涵来看,第1种生态安全定义与第4种生态安全定义相对最为全面。但第4种生态安全定义中没有明确说明生态安全的概念,概念比较模糊,着重强调了生态安全的研究对象是生态系统,研究的方向为系统作用机制及演变趋势;第1种生态安全概念从研究主体及客体两个角度看待生态安全,生态系统支撑人类经济社会发展需求,同时防止生态环境退化对可持续发展能力的削弱。第2种和第3种生态安全定义侧重于客体的安全,即生态系统能够为人类提供可持续服务,从生态健康和生态风险两个侧面来分别阐述生态安全。

生态安全研究为我们解决一些带有模糊性、复杂性的问题时,考虑从系统视角看待问题具有一定的借鉴意义,尤其是第1种定义,坚持以人为本,探讨环境安全与人类可持续发展的关系,内涵较为全面。

2.1.1.3 水生态安全

近年来,水生态安全作为环境管理的目标已经逐渐在国内为人们所普遍接受,但在具体含义的理解上还有争议,通过分析归纳,发现关于水生态安全的研究主要有以下5个研究视角。

1.基于环境科学视角的水生态安全

环境是指以人类为主体的外部世界,即人类赖以生存和发展的物质条件的综合体,包括自然环境和社会环境,其研究的侧重点在于自然环境,尤其是环境污染对人类健康和经济社会的影响,重心在"客体",一般在环境科学中的环境主要指自然环境。

(1)从生态环境角度定义的水生态安全。张晓岚等[6-7]将水生态安全看作自然生态环境能够满足人类和群落持续生存和发展需求,不损害自然生态环境潜力的一种状态,侧重点在生态环境。

(2)从资源环境角度定义的水生态安全。张琪[8]认为水生态安全是指水生态环境能够为人类生存和发展提供必要的保障并适应人类社会和经济发展需要的状态;李梦怡等[9]主要是基于环境科学角度定义的水生态安全,强调与水有关的生态环境或者环境资源,侧重于客体的安全评价,认为水生态系统包括水资源、土地资源和环境容量资源,侧重从资源环境角度定义水生态安全。

综上所述,基于环境科学视角的水生态安全,研究重点在于看水在自然生态环境方面是否能够满足人类生存发展的需求,但该定义中把人的经济社会活动对水生态安全的影响没有充分考虑在内。

2.基于生态学视角的水生态安全

(1)生态安全视角的理解。生态安全视角的水生态安全主要强调人的生活、健康、安乐、基本权利、生活保障来源、必要资源、社会秩序和人类适应环境变化的能力等方面不受威胁的状态,包括自然水生态安全、经济水生态安全和社会水生态安全。陈广等[10-11]指出,水生态系统安全是具有特定结构和功能的动态平衡系统的完整性和健康的整体水平反映,他认为水生态安全是从环境变化、生态风险分析发展而来,将水生态安全混同为了生态安全展开研究,这从一定程度上为系统综合研究水问题拓宽了研究思路。

(2)生态系统健康角度的水生态安全。水生态健康与水生态安全的差别在于前者主要针对所研究的特定生态系统对外界的干扰,其质量与活力的诊断和客观分析侧重于自然生态系统结构和功能的研究。彭斌等[12]认为水生态安全就是微观的水生生态系统健康,从河流水生生物、河流水文、水质、河流形态结构方面建立评价指标体系,评价河流的安全状况。

(3)复合生态角度的水生态安全。复合生态系统角度的水生态安全侧重从与水有关的复合系统角度研究水问题。李万莲[13]认为,城市水生态系统是一个自然-社会-经济复合的生态系统,从社会经济发展、自然水资源、水环境、生态管理方面建立评价体系，对水生态安全状况进行模糊综合评价，指出传统的环境管理理论和方法已经难以满足现代化管理的要求，因此需要加强水生态安全管理理论和方法研究。游文荪等[14]将水生态安全定义为经济社会-生态环境-水环境复合系统的安全，选取了鄱阳湖区社会经济、生态环境和水环境等3个方面构建水生态安全评价指标体系，将水生态安全研究的水生态系统看作是自然生态系统、经济系统和社会系统复合而成。

综上所述，基于生态学视角的水生态安全概念，体现了水生态安全概念的系统性和综合性，注重从主体和客体综合视角研究水生态安全，适合当前解决水问题的发展需要。但目前的研究中，在指标体系构建时，对水生态安全客体的分析不够深入，水生态安全趋势分析的少，研究还处于初期阶段，需要进一步深入细化内容。

3. 基于安全科学的水生态安全

随着水生态安全研究的不断深入，人们越来越关注水生态安全的具体因素，想要明确造成生态系统和经济社会危险的主要因素，因而从安全科学角度理解水生态安全，把人的身心免受外界因素危害的存在状态作为看问题的角度，把解决这个存在状态的保障条件作为研究问题的着眼点而形成的一门学科。因此，安全科学的研究对象是人类生存过程中的一切不安全因素，侧重于“人”的安全。

(1)生态风险。陈磊等[15]从生态风险视角出发，侧重于风险研究。从特定生态系统中所发生的非期望事件的概率和后果来看水生态安全，认为水生态安全就是从概念上与“威胁”和“危险”联系在一起，从安全与灾害视角探索和发掘灾害对水生态安全影响的机制和过程。

(2)人类安全。此角度认为，只有人类才有“安全”的意识，所以水生态安全只有针对人类才有意义，认为水生态安全的研究对象就是人类水生态安全系统。魏冉等[16-17]在水生态安全评价中加入了人文属性，即人类对安全因子的感受，它与人类社会的脆弱性有关，与人群心理上对水生态安全保障的期望水平、对所处环境的水资源特性认识以及自身的承载能力等有关。郑炜[18]认为水生态安全是在一定的时间与空间限制内，保证水生态系统自身的结构体系和功能稳定的情况下，能够为人类提供的水资源服务，是生态安全的重要组成部分。从安全科学视角看待水生态安全时，很多是从风险视角，注重外在因素对水生态安全的影响方面；或者从人文属性方面，加入人群心理感受，很难量化分析。

4. 基于水科学/水管理视角的水生态安全

水科学或水管理视角的水生态安全研究，主要是以水生态文明建设为指引，注重从技术、法规、制度等角度解决水问题。王繄玮等[19]从水管理视角定义水生态安全，从治污、防洪、排涝、供水、节水和社会经济6个方面保障水生态安全，建立城市水生态安全评价指标体系。

在基于水科学、水管理视角的水生态安全概念理解中，注重人类的经济社会影响，而对自然环境自身的发展变化方面没有充分考虑。

5. 基于地缘政治视角的水生态安全

黄昌硕等[20]从水资源条件与开发、水环境与生态、与水有关的社会经济等方面建立中国水资源及水生态安全评价指标体系，从国家层面强调水生态安全的重要意义。定义的水生态安全包含防止由于生态环境的退化对经济基础构成威胁、防止由于环境破坏和自然资源短缺引发人民群众的不满，特别是环境难民产生导致国家动荡，不断强调水生态安全对于国家安全的重要意义。

综上，在水生态安全的概念理解上，不同的学者因研究领域和学术背景差异，分别从资源科学、生态学、管理学、安全科学等角度研究水生态安全。基于生态学视角的水生态安全概念最为全面具体,体现了水生态安全的系统性、综合性,从主体和客体视角看待水问题,但研究当前处于初期阶段,还存在很多不足。

2.1.2　水生态安全评价内涵

水生态安全评价是以经济社会、水资源、水生态、水环境资料等为基础,选取一定的评价指标,结合国家标准或行业评价标准,采用单因子或多因子综合评价方法,例如:单指标评价法、综合污染指数法、层次分析法、模糊综合评判法、灰色系统分析法和人工神经网络法等,对水生态安全进行判定的定性或定量评价[21-22]。

灌区水生态安全评价是综合水生态环境系统相关的各种影响因素,包括灌区水体等自然属性,以及人类社会经济活动等社会属性,对灌区水生态安全进行系统科学的评判,从而为灌区水生态环境的污染防治和科学管理提供决策依据[23]。

2.1.3　水生态安全评价的概念

2.1.3.1　**水生态安全评价内涵**

水生态安全评价是人类赖以生存的以水为主线的经济-社会-自然复合生态系统安全状态优劣的定量描述,指以水为主线的经济子系统-社会子系统-资源子系统-环境子系统-生态子系统发展受到一个或者多个威胁因素影响后,对水生态系统以及由此产生的不利后果的可能性进行评估。水生态安全评价中,无论是宏观的还是微观现象都处于以水为主线的经济-社会-自然这个复合生态系统中,由于系统的复杂性,反映出系统水生态安全本质的各种现象,表现出各自的性质(由水的基本属性延伸出水生态安全的经济属性、社会属性、资源属性、环境属性、生态属性)。水生态安全评价涉及水科学、环境科学、生态学、安全科学等学科的基本理论与基本内容,与水资源评价、安全评价、环境评价、生态评价相互关联、相互影响,所以水生态安全评价具有复杂性、综合性、跨领域、多学科、复合系统等基本特征，主要表现在以下几个方面：

（1）水生态安全评价是对人类以水为主线的生存环境和生态条件安全状态的评判，既包括自然环境（资源子系统-环境子系统-生态子系统），也包括经济、社会环境。水生态安全评价是人与自然协调统一发展过程中，以水为主线的自然生态环境系统与社会生态环境系统是否满足人类生存与发展的基本客观条件。

（2）水生态安全评价属于系统评价。水生态安全评价就是要研究确定以水为主线的人类（经济、社会属性）、自然（环境属性、资源属性、生态属性）系统的安全状态，为了保证该复合系统处于良好状态，必须对构成该系统的各子系统中各要素变化情况进行动态监测，不断收集信息，分析预测，得出评价结果，并对不利的后果采取措施。

（3）水生态安全评价的相对性。没有绝对意义上的安全，只有相对的安全，水生态安全的目标并不是否认经济社会的发展，只是在人与自然和谐的基础上，寻求最佳水平的相对安全程度。

（4）水生态安全评价的动态性。水生态安全要素、区域或国家的水生态安全状况并不是一成不变的，它随着环境的变化而变化。由于水生态系统自身或由于人类经济社会活动产生的不良影响反馈给人类生活、生存和发展条件，导致安全程度的变化，甚至由安全变为不安全。

（5）水生态安全评价以人为本。水生态安全评价的标准是以人类所要求的水生态因子的质量来衡量的，其影响因子较多，包括以水为主线的人类-自然各系统中的因素，包括人为因素（经济属性、社会属性）和自然因素（资源属性、环境属性、生态属性），均以是否能满足人类正常生存与发展的需求作为衡量标准。

（6）水生态安全评价的空间异质性。水生态安全的威胁往往具有区域性、局部性特点，某个区域的不安全并不会直接意味着另一个区域也会不安全,而且对于不安全的状态,可以通过采取措施加以减轻,可以人为调控。

(7)水生态安全的威胁绝大多数来自系统内部。水生态安全的威胁主要来自人类的经济社会活动,引起了以水为主线的复合生态系统、自然系统破坏,导致对整个系统造成威胁,要通过人为调控减轻影响,进行投入,即生产发展成本。

2.1.3.2　水生态安全评价的意义

2019 年习近平总书记在郑州考察时强调要推进黄河流域生态保护和高质量发展,其中引黄灌区的水生态环境保护就是非常重要的一环。作为发展黄河流域农业经济、建设生态环境的必要基本设施,引黄灌区同时还保护着黄河下游两岸的区域供水和粮食安全[24-26]。

因此,对引黄灌区展开水生态安全综合评价,有利于明晰灌区的水生态环境现状,及时发现存在的问题,提出相应的解决办法,促进灌区的水生态环境向好发展。这既是对“绿水青山就是金山银山”号召的相应,又是事关农民利益和国家粮食安全的大事[27]。

2.1.4　水生态安全评价框架模型

随着水生态安全评价研究的深入,水生态安全在指标体系建立上已经摆脱了单因子评价指标模式,开始向多指标综合评价的指标体系发展,水生态安全评价实质上是水安全评价的发展和延伸,建立科学合理的指标体系是开展水生态安全评价的关键。

当前关于水生态安全评价的框架模型主要有三种:一是揭示过程机制的 PSR(Pressure-State-Response)(压力-状态-响应)模型及其扩展模型框架,强调对问题发生的原因-效果-对策的逻辑关系分析,能够抓住系统中相互关系特点,是评价人类活动与资源可持续发展方面比较完善的权威体系;二是以 SENCE(社会-经济-自然复合生态系统)为基础的框架,具有较好的系统结构把握和决策过程的考量；三是以生态系统的结构和功能为依据，运用生态学方法，较为新颖，但受数据获取困难等因素限制，适用范围窄，目前在水生态安全评价中没有得到广泛应用。水生态安全评价框架模型如表2-2所示。

表2-2　水生态安全评价框架模型

指标体系	特点	适用范围	难点和不足
PSR模型	强调经济运作及其对环境影响之间的关系	适用范围较广，主要应用于流域生态安全评价、响应健康评价、可持续评价	人类活动对环境的影响只能通过环境状态指标随时间的变化而间接反映出来
DPSR/DPSIR	在PSR框架基础上，增加了产生环境压力的驱动力指标，以及水生态环境对社会经济或社会文化的影响因子		框架结构涉及比较复杂，选择合适的驱动力、影响、响应指标是一个难点，目前这方面的实证研究少
社会-经济-自然复合生态系统（SENCE）	从复合生态系统组成的角度出发，构建评价区域的社会、经济、自然指标	框架的可适用范围广，也是比较成熟的理论体系，可适用于不同尺度的生态安全评价、健康评价等	指标选择时具有一定的主观性

续表 2-2

指标体系	特点	适用范围	难点和不足
ANP-PRS-SENCE	运用复杂系统的网络分析法作为指标体系的基本方法，以PSR模型为理论框架，依据复合生态系统理论，选择具体指标体系	可做生态安全评价，但目前相关研究较少	三个模型之间的衔接是一个难点
SOPAC	生态脆弱性评价指标体系，包括地区发展指标、人类对环境的压力指标、生态风险评价指标	是目前评价区域生态/环境脆弱性中较为完善的一种指标体系	指标体系具有明显的沿海特色，应用范围窄
DSR	强调造成发展不可持续的人类活动、消费模式和经济系统的因素；各系统的状态；为促进可持续发展过程所采取的对策	能较好地反映经济、环境、资源之间的相互依存、相互制约的关系。适用范围广，可用于不同尺度的生态安全评价	找准产生环境问题的原因并将指标量化是一个难题
基于景观指数的生态安全评价指标体系	引入景观生态学的景观指数来表征生态环境状况	适用于生态环境脆弱性评价、生态环境效益监测与评价、生态安全评价	目前研究较少，因所需的数据获取困难，应用范围窄

续表 2-2

指标体系	特点	适用范围	难点和不足
环境、生物与生态系统分类系统	根据生态安全的内涵来构建指标体系,包括生态系统安全、环境安全和生物安全指标	该模型所揭示的是一定时期的生态质量,主要适用于不同尺度的环境质量评价	不能完全反映出生态健康状况及生态系统或者区域环境的可持续维护能力

由此可以看出,三种主要的框架模型的特点:①最为常用的压力-状态-响应(PSR)模型,它是由经济合作和发展组织(OECD)和联合国环境规划署(UNWP)共同提出的,主要用于评价人类活动对生态环境的影响程度,是较为成熟的评价指标体系。在这个模型中,P 代表系统受到的外部压力,S 代表自然资源的变化状态,R 代表人类为改善不良影响而采取的保护措施。PSR(压力-状态-响应)模型能够清楚地表明系统中的因果关系,由于当前水生态安全评价方法没有突破,主要依赖 PSR 理论模型框架,指标权重主要根据层次分析法和专家打分法获得,都具有一定的主观性[28-29]。②基于景观指数的安全评价指标体系主要是受学科限制,目前指标数据获取较为困难,运用范围严重受限,没有得到广泛的应用。③SENCE 框架已经被广泛认可,但是实际运用较少,注重对系统结构和决策过程的把握,但欠缺对指标体系的因果逻辑关系分析。

水生态安全评价研究是一个多学科交叉领域,指标体系构建比较复杂,没有公认的定义,实践应用中主观意识强,不同学者有不同的见解;而对于评价指标体系的分析优化方面的研究非常少。鉴于 PSR 框架在指标体系构建研究中得到了认可,本书建立了基于 PSR 框架的水生态安全评价指标体系。

2.1.5　水生态安全评价技术方法

水生态安全评价研究在积极吸收其他相关学科研究成果的基础上，在研究方法上得到了较大发展，评价方法已经由简单定性描述开始向定量研究拓展。Susan J Nichols 等、Tang Y 等、Hao X P 等、Hong Q 等在水生态安全评价研究中均开始向多指标、综合性、系统性评价过渡。目前常用的水生态安全评价方法及优缺点如表 2-3 所示。

表 2-3　水生态安全评价方法及优缺点

模型	主要方法	方法特点及优缺点
数学模型	层次分析法	列出影响水生态安全的主要约束条件，运用系统分析和动态分析手段寻求多个目标的整体最优，可建立概念清晰、层次分明、逻辑合理的指标体系层次结构；缺点是建立的常权值分布刚性太大，难以准确反映生态环境及水生态安全评价区域的实际情况
	主成分投影法	克服指标间信息重叠的问题，客观确定评价对象的相对位置和安全等级，但未考虑实际含义，容易出现确定的权重和实际重要程度相悖的情况
	灰色关联度法	量化研究系统各因素的相互联系、相互影响、相互作用，若两因子参数数列构成的空间几何曲线越接近，则关联度越大
	综合指数评价法	采用统计方法，选择单项和多项指标来反映区域水生态安全状况
	物元评判法	从变化的角度识别变化中的因子，直观性好，但关联函数形式确定不规范，难以通用
	模糊综合法	考虑到了系统内部关系的错综复杂和模糊性，但函数的确定及指标参数的模糊化会掺杂人为因素并丢失有用信息；在对各因素进行单因素评价的基础上确定评语集合和权重，通过综合评判矩阵对其水生态安全状况做出多因素综合评价

续表 2-3

模型	主要方法	方法特点及优缺点
生态模型	生态足迹法	借用生态学方法论和思维方式,应用野外和现场调查、实验室分析、模拟实验、生态网络综合分析等生态方法开展研究
	BP 网络法	指标权值自动适应调整并可根据不同需要选取随意多个评价参数建模,具有很强的适应性,但收敛速度慢,易陷入局部极小值
景观生态模型	景观生态安全格局法	可从生态系统结构出发综合评估各种潜在生态影响类型
	景观空间邻接度法	从空间上定量地描述景观结构,建立景观结构功能模型和相关评价指标,分析评价区域尺度上的环境效应及对安全影响的作用程度
数字模型	数字生态安全法	RS 和 GIS 相结合,采用栅格数据结构,叠加,可与其他方法结合

在确定指标权重时,绝大多数模型采取数学模型,综合指数法、层次分析法、灰色关联度法等是主要方法,生态模型、水足迹法、景观生态模型等都是近年来兴起的新的评估模型,由于这些评价方法在运算过程中对指标数据的要求较高,或者指标的获取需要结合“3S”技术,数据获取存在一定困难,因此实践中,绝大多数研究中采用的评价方法都是以数字模型为主,但由于每种方法都有各自的优势和缺点,没有一种完全可以适用的完美解决策略,这主要是由于水生态安全评价是一个多指标的综合、系统评价过程,由于系统的复杂性,要想找到指标间明确的相互关系几乎不可能,这就决定了我们在方法选择过程中需结合使用多种方法,发挥长处,解决主要问题。

综合指数法属于常规的多指标综合评价法,这种方法可以将复杂问题分解为若干层次和若干因素,在各因素之间进行简单比较和计算,就可以得出不同因素重要程度的权重,特别适用于那些难以完全定量分析的问题,是通过实测、估算和调查等获得各个评价指标的现状值,将各个指标的现状值按照一定的方法量化,如通过与标准值或参照值的比较等换算为量化值,最后根据综合量化值的分级数值范围来确定评价等级。因此,本书采用综合指数法来对赵口引黄灌区二期工程区域水生态环境进行综合评价。

2.1.6 水生态安全评价预测研究

当前水生态安全状况预测通常使用的方法主要有以下几种:

第一,基于评价结果的简单预测分析。根据评价结果,得到之前一段时间水生态安全整体状况,运用评价结果指导今后调控实践,当前绝大多数水生态安全评价都是采用这种(根据已有水生态安全评价指标数据了解之前一段时间的整体发展变化情况)模式,分析当前压力来源,提出对策,很少进行深入的水生态安全"势"(水生态安全评价指标变化趋势)的分析。张琪[30]在深圳水生态安全体系研究中,对主要水环境安全问题进行分析,对变化趋势进行了简单线性分析。高凡在珠江三角洲地区城市水环境生态安全评价研究中,根据综合评价值及其所处的安全等级,通过现状分析提出水生态安全预警对策。

第二,灰色预测模型[31-33]。灰色模型预测法是一种对含有不确定因素的系统,即灰色系统进行预测的方法。灰色系统是介于白色系统和黑色系统之间的一种系统,系统内的一部分信息是已知的,另一部分信息是未知的,各因数间具有不确定的关系。白色系统是指一个系统的内部环境是完全已知的;黑色系统是指一个系统的内部信息对外界来说是一无所知的,只能通过它与外界的联系加以研究。陈广在三峡库区水生态安全评价中,在得到2006—2013年三峡库区重庆段以及三峡库区湖北段各区县水生态安全综合指数后,运用G(1,1)模型预测2014—2018年的水生态安全综合指数,结合水生态安全综合指数的实际值、拟合值和预测值绘制了各区县的水生态安全发展态势图,可以较为清晰地看出今后的发展趋势。

第三,神经网络模型[34-36]。该模型是由大量、简单的处理单元相互连接而形成的复杂网络系统,类似人类的学习方式,具有人脑功能的许多基本特征,因此被称为神经网络。它是一个高度复杂的非线性学习系统,具有大规模并行、分布式储存处理、自组织、自适应和自学能力,特别适合处理需要同时考虑许多因素和条件的、不精确和模糊的信息处理问题。

本书基于评价结果对赵口引黄灌区二期工程区域水生态安全进行简单预测分析,为水生态环境保护与治理提供理论借鉴。

2.2 灌区水生态安全评价指标体系构建

2.2.1 评价指标选取原则

(1)科学性原则。所选的指标要以科学理论为基础,能够准确、客观并且全方位地反映灌区水生态环境的主要特征,同时各指标的内容与意义应相互独立,防止出现交叉而导致相关因素进行重复评价[37]。

(2)整体性原则。灌区水生态评价涉及许多方面的生态问题,是由覆盖多个方面的因素相互关联的复合系统,在评价的同时要将整个流域作为一整个系统。所选的指标因子既要体现水文水质和水资源分配的联系,也要体现水生态环境与人类活动的实际情况。

(3)层次性原则。灌区水生态受到不同类别的不同因子的影响,应逐层逐类地建立指标体系,全面细致地反映水生态环境现状。在环境承载力的基础上,从细节到整体的评价。包括但不限于社会发展、经济状态、资源分配、气候变化、水生环境与陆生环境的多重影响。将层次结构划分为目标层、准则层、指标层来综合评价[38]。

(4)实用性原则。评价指标的个数应保证少而精,统计数据易于收集和测算,获取成本较低,统计与计算方法科学,可行性高,能够客观、准确地反映灌区水生态环境的特征与内涵。尽量选用现有指标,尤其是利用我国现有统计指标体系中的指标[39]。

2.2.2 指标体系构建思路

灌区水生态安全评价指标体系的构建步骤包括:确定水生态环境安全评价对象、评价目标和评价原则,基础资料的调查收集与基础数据的监测,评价指标的确定与检验,评分标准和指标权重的确定,评价理论方法的选择,评价标准和分级标准的确定,灌区水生态环境安全综合评价结果的判定等,如图 2-1 所示。

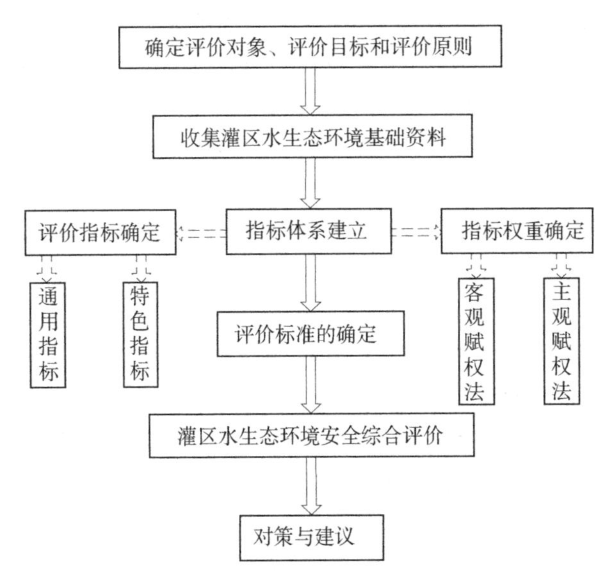

图 2-1　灌区水生态安全综合评价步骤

2.2.3 评价指标体系构建

以国家战略对黄河流域大型灌区的要求为出发点,立足水利部提出的"十四五"期间以推动节水灌区、生态灌区建设为主,努力打造"节水高效、设施完善、管理科学、生态良好"的现代化灌区的规划,结合《重点流域水生态环境保护"十四五"规划编制技术大纲》中突出水资源、水生态和水环境"三水统筹",以及《黄河流域生态保护和高质量发展规划纲要》对水生态、水环境和水安全的要求,并兼顾评价指标的科学性、整体性、层次性和实用性,对赵口引黄灌区二期工程区域范围展开水生态安全评价指标体系的构建[40]。

压力-状态-响应(PSR)模型是由经济合作和开发组织(OECD)与联合国环境规划署(UNEP)在20世纪80年代共同提出的概念模型。PSR模型是目前最广泛应用的指标体系之一,利用PSR模型框架选取水生态安全评价指标具有很好的逻辑性。人类的经济活动、社会发展造成的压力作用于水生态环境,水生态环境承压后又呈现出状态的改变,进而影响人类通过政策、行为的变化对水生态环境状态的改变产生响应。PSR模型能够充分体现出生态安全的现状和水平,更精确地反映生态系统安全的自然、经济和社会之间的关系,具有综合性、灵活性和清晰的因果关系[41-42]。

基于压力-状态-响应(PSR)评价模型,结合国内外研究现状,参照《地表水环境质量标准》(GB 3838—2002)、《地表水环境质量评价办法(试行)》等标准规定,按照"选取典型、兼顾特色、筛选相关"的原则,确定分别从经济社会、水资源、水生态和水环境等方面初步选取了26项评价指标。

其中,压力指标包括人口密度、人口自然增长率、城镇化率、人均GDP、万元GDP用水量、农田灌溉亩均用水量、人均用水量、地下水超采率和万元工业增加值废水排放量等 13 项指标；状态指标包括水资源总量、人均水资源量、地下水水质、水质功能区达标率、河道底泥污染指数、河岸植被覆盖率和有效灌溉面积率 7 项指标；响应指标包括节水高效灌溉面积率、灌溉水有效利用系数、污水集中处理率、工业废水排放达标率、生态环境用水率和生态投入占 GDP 比例 6 项指标，见表 2-4。

表 2-4　水生态环境安全评价初选指标

目标层	准则层	指标层	指标说明
水生态环境安全(A)	压力(B1)	人口密度(C1)	反映人口对水生态的压力
		人口自然增长率(C2)	反映人口增长带来的压力
		城镇化率(C3)	反映灌区社会发展水平
		人均 GDP(C4)	反映灌区经济状况水平
		万元 GDP 用水量(C5)	反映经济发展的用水压力
		农田灌溉亩均用水量(C6)	反映灌溉用水压力
		人均用水量(C7)	反映综合用水压力
		地下水超采率(C8)	反映水资源开发利用对生态环境的影响
		万元工业增加值废水排放量(C9)	反映工业废水对水生态的压力
		生活污水排放量(C10)	反映生活污水对水生态的压力
		农药施用量(C11)	反映农药对水生态的影响
		化肥施用强度(C12)	反映化肥对水生态的影响
		农膜使用量(C13)	反映农膜对水生态的影响

续表 2-4

目标层	准则层	指标层	指标说明
水生态环境安全(A)	状态(B2)	水资源总量(C14)	反映当前水资源状态
		人均水资源量(C15)	反映当前水资源状态
		地下水水质(C16)	反映当前地下水污染状况
		水质功能区达标率(C17)	反映地表水体的水质状态
		河道底泥污染指数(C18)	反映河道底泥污染状态
		河岸植被覆盖率(C19)	反映河岸生态状况
		有效灌溉面积率(C20)	反映灌区的先进程度
	响应(B3)	高效节水灌溉面积率(C21)	反映节水灌溉程度
		灌溉水有效利用系数(C22)	反映灌区灌溉水用水效率
		污水集中处理率(C23)	反映污水处理程度
		工业废水排放达标率(C24)	反映工业废水的危害程度
		生态环境用水率(C25)	反映生态用水水平
		生态投入占 GDP 比例(C26)	反映生态治理力度

通过查阅灌区范围内的水资源公报和统计年鉴、文献调研等方法尽可能地获取相关数据。但是综合考虑一些数据获得性的难度,以及某些指标间存在明显的交叉关联,需要进一步对指标进行筛选。

(1)具有普遍性和代表性的指标进行保留,例如城镇化率、人均 GDP、万元 GDP 用水量、水质功能区达标率、河道底泥有机污染指数、生态环境用水率和生态投入占 GDP 的比例。

(2)具有灌区特色的指标进行保留,例如农田灌溉亩均用水量、化肥施用强度、灌溉水有效利用系数、有效灌溉面积率和节水灌溉面积,并结合赵口引黄灌区长期以来一直依赖于开采利用地下水,造成地下水资源环境持续恶化的状况,将地下水超采率纳入指标体系当中。

(3)存在明显交叉关联的指标进行筛选去除,例如人口密度和人口自然增长率存在重叠,选择去除人口密度,保留人口自然增长率;农田灌溉亩均用水量和人均用水量之间存在重叠,选择去除人均用水量,保留农田灌溉亩均用水量;万元工业增加值废水排放量和生活污水排放量之间有明显的相关性,选择去除生活污水排放量,保留万元工业增加值废水排放量;农药施用量、化肥施用强度和农膜使用量之间有明显的相关性,选择去除农药施用量和农膜使用量;水资源总量和人均水资源量存在重叠,选择去除水资源总量,保留人均水资源量;污水集中处理率和工业废水排放达标率之间存在重叠,选择去除污水集中处理率,保留工业废水排放达标率。

(4)数据收集困难的指标进行去除,例如地下水水质取样比较困难,成本较高,因此进行去除。

通过筛选,选择保留的指标如表 2-5 所示。

表 2-5　水生态安全评价筛选指标

目标层	准则层	指标层	计算方法
水生态安全综合评价(A)	压力(B1)	人口自然增长率(C1)	自然增长数/平均人口数
		城镇化率(C2)	常住人口/总人口
		人均 GDP(C3)	地区生产总值/总人口
		万元 GDP 用水量(C4)	总用水量/生产总值
		农田灌溉亩均用水量(C5)	灌溉用水量/灌溉面积
		地下水超采率(C6)	(地下水实际开采量-地下水允许开采量)/地下水允许开采量
		万元工业增加值废水排放量(C7)	废水排放量/工业生产总值
		化肥施用强度(C8)	化肥施用总量折纯/播种面积

续表 2-5

目标层	准则层	指标层	计算方法
水生态安全综合评价（A）	状态（B2）	人均水资源量(C9)	水资源总量/总人口
		水质功能区达标率(C10)	测点水质达标数/测点数量
		河道底泥有机污染指数(C11)	有机碳×有机氮
		河岸植物覆盖率(C12)	植物覆盖面积/河岸面积
		有效灌溉面积占比(C13)	有效灌溉面积/耕地面积
	响应（B3）	高效节水灌溉面积率（C14）	高效节水灌溉面积/耕地面积
		灌溉水有效利用系数(C15)	有效利用水量/渠道头进水总量
		工业废水排放达标率(C16)	达标排放量/排放总量
		生态环境用水率(C17)	生态环境用水量/用水总量
		生态投入占 GDP 比例(C18)	生态投入/总 GDP

参考文献

[1] 商震霖. 许昌市水生态安全评价与调控对策研究[D]. 郑州：华北水利水电大学,2019.

[2] 马克明,傅伯杰,黎晓亚,等. 区域生态安全格局：概念与理论基础[J]生态学报,2004(4)：761-768.

[3] 王根绪,程国栋. 干旱内陆河流域景观生态的空间格局分析：以黑河流中游为例[J]. 兰州大学学报(自然科学版),1999,35(1)：211-217.

[4] 崔胜辉,洪华生,黄云凤,等. 生态安全研究进展[J]. 生态学报,2005,(4)：861-868.

[5] 郭秀锐,毛显强,杨居荣. 生态系统健康效果——费用分析方法在广州城市生态规划中的应用[J]. 中国人口资源与环境,2005(5)：130-134.

[6] 张晓岚,刘昌明,门宝辉,等. 漳卫南运河流域水生态安全指标体系构建及评价[J]. 北京师范大学学报(自然科学版),2013,49(6):626-630.
[7] 张晓岚,刘昌明,赵长森,等. 改进生态位理论用于水生态安全优先调控[J]. 环境科学研究,2014,27(10):1103-1109.
[8] 张琪. 深圳水生态安全体系研究[D]. 北京:北京化工大学,2007.
[9] 李梦怡,邓铭江,凌红波,等. 塔里木河下游水生态安全评价及驱动要素分析[J]. 干旱区研究,2020:1-10.
[10] 陈广,刘广龙,朱端卫,等. 城镇化视角下三峡库区重庆段水生态安全评价[J]. 长江流域资源与环境,2015,24(S1):213-220.
[11] 陈广. 基于 DPSIR 模型的三峡库区水生态安全评价[D]. 武汉:华中农业大学,2015.
[12] 彭斌,顾森,赵晓晨,等. 广西河流水生态安全评价指标体系探究[J]. 中国水利,2016,789(3):60-63.
[13] 李万莲. 沿淮城市水环境演变与水生态安全的研究[D]. 上海:华东师范大学, 2005.
[14] 游文荪,丁惠君,许新发. 鄱阳湖水生态安全现状评价与趋势研究[J]. 长江流域资源与环境,2009,18(12):1173-1180.
[15] 陈磊,吴悦菡,王培,等. 基于风险的济南市水生态安全评价[J]. 水资源保护,2016,032(001):29-35.
[16] 魏冉,李法云,谯兴国,等. 辽宁北部典型流域水生态功能区水生态安全评价[J]. 气象与环境学报,2014,30(3):106-112.
[17] 魏冉. 辽宁省辽河流域水生态功能三级区水生态安全评价[D]. 沈阳:辽宁大学,2013.
[18] 郑炜. 基于改进灰靶模型的广州市水生态安全评价[J]. 华北水利水电学院学报,2018,039(006):72-77.
[19] 王翾玮,陈星,朱琰,等. 基于 PSR 的城市水生态安全评价体系研究——以"五水共治"治水模式下的临海市为例[J]. 水资源保护,2016,32(2):82-86.
[20] 黄昌硕,耿雷华,王立群,等. 中国水资源及水生态安全评价[J]. 人民黄河,2010,03:14-16,140.
[21] 魏冉,李法云,谯兴国,等. 辽宁北部典型流域水生态功能区水生态安全

评价[J]. 气象与环境学报,2014,30(3):106-112.

[22] 张凤太,苏维词. 基于均方差—TOPSIS 模型的贵州水生态安全评价研究[J]. 灌溉排水学报,2016,35(9):88-92,103.

[23] 张修宇,秦天,杨淇翔,等. 黄河下游引黄灌区水安全评价方法及应用[J]. 灌溉排水学报,2020,39(10):18-24.

[24] 于法稳,方兰. 黄河流域生态保护和高质量发展的若干问题[J]. 中国软科学,2020(6): 85-95.

[25] 杨永春,张旭东,穆焱杰,等. 黄河上游生态保护与高质量发展的基本逻辑及关键对策[J]. 经济地理,2020,40(6):9-20.

[26] 赵钟楠,张越,李原园,等. 关于黄河流域生态保护与高质量发展水利支撑保障的初步思考[J]. 水利规划与设计,2020(2):1-3.

[27] 左其亭,杨振龙,曹宏斌,等. 基于 SMI-P 方法的黄河流域水生态安全评价与分析[J]. 河南师范大学学报(自然科学版),2022,50(3):10-19,165.

[28] 李天霄,付强,孟凡香,等. 三江平原年降水量 1959—2013 年演变趋势及突变分析[J]. 中国农村水利水电,2016(9):201-204.

[29] 冯琰玮,甄江红. 基于径向基神经网络的呼和浩特市生态安全预警研究[J]. 干旱区资源与环境,2018,32(11):87-92.

[30] 张琪. 深圳水生态安全体系研究[D]. 北京:北京化工大学,2007.

[31] 徐国祥. 统计预测和决策[M]. 上海:上海财经大学出版社,2008.

[32] 李洪波,帅斌. 灰色—线性回归组合模型在预测中的应用[J]. 陕西工学院学报,2013,19(4):50-61.

[33] 王江荣,刘硕,靳存程. 基于变权缓冲算子的灰色 G(1,1)模型在地铁能耗预测中的应用[J]. 数学的实践与认识,2020,50(7):90-96.

[34] 王耕,吴伟. 基于 GIS 的辽河流域水安全预警系统设计[J]. 大连理工大学学报,2007(2):24-28.

[35] 吴艳霞,邓楠. 基于 RBF 神经网络模型的资源型城市生态安全预警——以榆林市为例[J]. 生态经济,2019,35(5):111-118.

[36] 刘灵辉,陈银蓉,石伟伟. 基于模糊综合评价法的柳州市土地集约利用评价[J]. 广东土地科学, 2007(6):1-6.

[37] 戴文渊,陈年来,李金霞,等. 基于 SENCE 概念框架的区域水生态安全

评价研究——以甘肃地区 17 流段为例[J]. 生态学报,2021,41(4):1332-1340.

[38] 李梦怡,邓铭江,凌红波,等. 塔里木河下游水生态安全评价及驱动要素分析[J]. 干旱区研究,2021,38(1):39-47.

[39] 戴文渊,陈年来,李金霞,等. 河西内陆河流域水生态安全评价研究[J]. 干旱区地理,2021,44(1):89-98.

[40] 陈广,刘广龙,朱端卫,等. 城镇化视角下三峡库区重庆段水生态安全评价[J]. 长江流域资源与环境,2015(S1):213-220.

[41] 张军以,苏维词,张凤太. 基于 PSR 模型的三峡库区生态经济区土地生态安全评价[J]. 中国环境科学,2011,31(6):1039-1044.

[42] 麦少芝,徐颂军,潘颖君. PSR 模型在湿地生态系统健康评价中的应用[J]. 热带地理,2005(4):317-321.

第3章　灌区水生态安全综合评价

3.1　评价方法选取

目前,关于水生态评价的相关研究中所采用的方法主要有两类:一类是综合指数法,另一类是模糊综合评价法[1]。综合指数法属于常规的多指标综合评价法,这种方法可以将复杂问题分解为若干层次和若干因素,在各因素之间进行简单比较和计算,就可以得出不同因素的重要性程度的权重,特别适用于那些难以完全定量分析的问题,是通过实测、估算和调查等获得各个评价指标的现状值,将各个指标的现状值按照一定的方法量化,如通过与标准值或参照值的比较等换算为量化值,最后根据综合量化值的分级数值范围来确定评价等级[2-4]。

本书采用综合指数法来对赵口引黄灌区二期工程区域水生态环境进行综合评价。具体步骤如下:①确定各个评价指标的现状值;②将各个指标的现状值无量纲化;③确定各个评价指标的权重;④计算综合评价指数,计算公式如下:

$$\mathrm{ESI} = \sum_{i=1}^{m} X_{ij} W_i$$

式中:ESI为灌区水生态环境安全评价指数;m为评价指标的个数;X_{ij}为各个指标的无量纲值;W_i为各个评价指标的权重。

3.2　指标数据收集

本书以 2016—2021 年间的数据为基础,对赵口引黄灌区二期工程区域水生态安全进行现状评价,同时对工程建成后 2022 年的水生态安全状况进行预测评价。其中,2016—2021 年间的原始数据来源于《河南省水资源公报》《开封市统计年鉴》《周口市统计年鉴》《郑州水资源公报》和《商丘统计公报》等官方发布数据,并通过现场调查和文献调研的方式进行数据的补充。最后对所得数据进行合理的分析和筛选,得出赵口引黄灌区二期工程区域的指标数据。2022 年的数据根据前六年内各项指标的平均变化程度,综合考虑赵口引黄灌区二期工程建设的影响,对各项评价指标的数值进行估算,并根据估算数据对灌区范围内的水生态安全状况进行预测评价。

3.3　评价指标权重确定

在灌区水生态安全综合评价指标体系中,各个评价指标的重要程度是不同的,为了确切地反映各个评价指标对水生态安全整体评价的重要程度,需用一定的数值来定量描述各个指标的重要性,这就是所谓的“权重”。

指标权重的确定方法主要分为主观赋权评价法和客观赋权评价法。用主观赋权评价法确定指标的权重,通常能够得到较合理的结果,但对专家的要求较高,往往需要专家有非常丰富的经验,同时,也难以避免由于个人的主观因素作用而存在权重的不合理性[5]。层次分析法(AHP)属主观赋权评价法,是目前水环境评价研究中常用的方法,通过构造判断矩阵,求最大特征根和特征向量,进行层次总排序并进行一致性检验,得到评价指标的权重。这种方法也具有明显的优点,例如可以使人在处理问题时的思维更具有条理性和逻辑性,使决策者的思路清晰明了,这种方法能够对各个影响因子进行优劣排序,使决策过程相对简洁[6]。

客观赋权评价法是根据原始数据之间的关系,通过一定的数学方法来确定权重,其判断结果不依赖于人的主观判断,有较强的数学理论依据。但是由于客观赋权评价法要依赖于足够的样本数据和实际的问题域,通用性和可参与性差,计算方法也比较复杂,而且不能体现评判者对不同属性指标的重视程度,有时候定的权重会与属性的实际重要程度相差较大[7]。熵权法是客观赋权评价法的一种,是基于各评价指标值变异性的大小而确定各指标权重的方法。若某个指标的信息熵越小,表明指标值的变异程度越大,提供的信息量越多,在综合评价中所能起到的作用也越大,其权重也就越大。相反,某个指标的信息熵越大,表明指标值的变异程度越小,提供的信息量也越少,在综合评价中所起到的作用也越小,其权重也就越小[8]。

因此,本书在确定权重时为了弥补这两种方法的缺点,采用主观赋权评价法中的层次分析法和客观赋权评价法中的熵权法相结合进行优化,取平均值作为水生态安全评价指标的最终权重。

3.3.1　层次分析法指标权重

层次分析法的基本原理:将待评价系统的各种要素分解为若干层次,由专家或决策者对所列指标通过重要程度的两两比较逐层进行判断评分,利用计算判断矩阵的特征向量来确定下一层指标对上一层指标的权重,从而得到最基层指标对总体目标的重要性权重排序。

运用层次分析法确定评价元素的权重,一般分为以下几个步骤:建立递阶层次结构、构造判断矩阵、判断矩阵最大特征根及特征向量的计算、权重确定及一致性检验。

3.3.1.1　建立递阶层次结构

把研究问题按特定的目标、准则和约束等分解成各个组成因素，把这些因素按属性的不同分层排列，形成一个自上而下的递阶层次。递阶层次结构如图 3-1 所示。

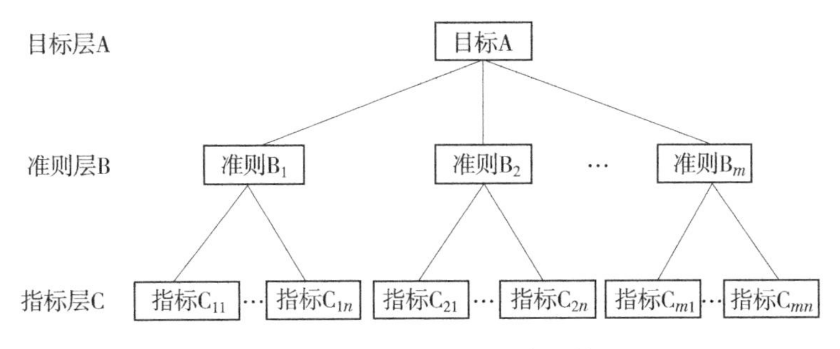

图 3-1　层次分析法递阶层次结构图

3.3.1.2　构造判断矩阵

判断矩阵表示针对上一层次某因素，本层次与之相关的各因素之间的相对重要性。各因素之间的相对重要性通过两两比较，运用“1~9”比较标度法对重要性判断结果进行量化，“1~9”比较标度及其含义如表 3-1 所示。

表 3-1　比较标度及其含义

标度	含义
1	C_i 元素和 C_j 元素同样重要
3	C_i 元素比 C_j 元素稍微重要
5	C_i 元素比 C_j 元素重要
7	C_i 元素比 C_j 元素明显重要
9	C_i 元素比 C_j 元素极其重要
2,4,6,8	C_i 元素与 C_j 元素的重要性之比在上述两个相邻等级之间
以上数值的倒数	C_i 元素与 C_j 元素的重要性之比为上面的互反数

运用“1~9”比较标度法把各因素之间的相对重要性判断结果用数值标识出来后,即可构造成判断矩阵。例如:针对上一层次因素 A,本层次与之相关的因素 $B_1, B_2, \cdots B_n$,运用“1~9”比较标度法进行两两比较后,构成的 A-B 判断矩阵,如表 3-2 所示。

表 3-2　A-B 判断矩阵

A	B_1	B_2	…	B_n
B_1	B_{11}	B_{12}	…	B_{1n}
B_2	B_{21}	B_{22}	…	B_{2n}
⋮	⋮	⋮	⋮	⋮
B_n	B_{n1}	B_{n2}	…	B_{nn}

注:$B_{ii}=1, B_{ij}=B_{ji}$。

3.3.1.3　判断矩阵最大特征根及特征向量的计算

采用方根法计算所构造判断矩阵的最大特征根及特征向量。设两两判断矩阵为 $(a_{ij})_{n\times n}$,则有:$a_{ij} > 0; a_{ij} = a_{ji}; a_{ij} = 1$。$i, j = 1, 2, \cdots, n$。

计算两两判断矩阵的各行元素乘积 M_i:

$$M_i = \prod_{j=1}^{n} a_{ij}, \quad i = 1,2,3,\cdots,n$$

计算 M_i 的 n 次方根:

$$\overline{W}_i = \sqrt[n]{M_i}$$

向量归一化:

$$\overline{W} = (\overline{W}_1, \overline{W}_2, \cdots, \overline{W}_n)^{\mathrm{T}}$$

$$W_i = \frac{\overline{W}_i}{\sum_{i=1}^{n} \overline{W}_i}$$

得到特征向量 $W = (W_1, W_2, \cdots, W_n)$。

计算两两判断矩阵得到最大特征根λ_{max}：

$$\lambda_{max} = \frac{1}{n}\sum_{i=1}^{n}\left(\frac{\sum_{j=1}^{n} a_{ij}W_i}{W_i}\right)$$

3.3.1.4　权重确定及一致性检验

检验指标为两两判断矩阵的一致性指标：

$$CI = \frac{|\lambda_{max} - n|}{n - 1}$$

$$CR = \frac{CI}{RI}$$

其中对 $n=3\sim10$ 阶，经过计算可以分别得出它们的 RI，考虑到 1，2 阶判断矩阵总有完全一致性，其 RI 的数值自然为 0。由此，1～9 阶的判断矩阵的 RI 如表 3-3 所示。

表 3-3　矩阵阶数为 1～9 的 RI 的值

阶数	1	2	3	4	5	6	7	8	9
RI	0	0	0.58	0.90	1.12	1.24	1.32	1.41	1.45

当 CI≤0.1 时，认为判断矩阵具有令人满意的一致性；当 CI>0.1 时，认为判断矩阵的一致性偏差太大，需要对判断矩阵进行调整，直到使其满足 CI≤0.1 为止。只有判断矩阵的一致性检验合格，通过层次单排序得到的权重顺序才是合理有效的。

通过文献检索总结和咨询专家，确定灌区水生态环境综合评价指标的权重。采用“1～9”比较标度法对准则层及指标层各评估指标重要性进行量化，经平均得到各指标重要性值，再根据比较标度，在同一指标层进行两两比较，构造判断矩阵。计算各个判断矩阵的最大特征值λ_{max}及其所对应的归一化特征向量 W，并通过运用公式计算判断矩阵一致性指标 CI 和随机一致性比例 CR 来检验判断矩阵的一致性,若一致性检验合格,则归一化特征向量 W 的各个分量值就是各评估指标的权重。各个判断矩阵及其单排序权重结果如下。

A-B 判断矩阵及权重结果如表 3-4 所示。

表 3-4　A-B 判断矩阵及权重结果

A	B1	B2	B3	权重
B1	1	5	3	0.637
B2	1/5	1	1/3	0.105
B3	1/3	3	1	0.258

计算得判断矩阵的最大特征根 $\lambda_{max}=3.0385$, $CI=0.0193$, $RI=0.58$,则 $CR=\frac{0.0193}{0.58}=0.0332<0.1$,满足一致性。

B1-C 判断矩阵及权重结果如表 3-5 所示。

表 3-5　B1-C 判断矩阵及权重结果

B1	C1	C2	C3	C4	C5	C6	C7	C8	权重
C1	1	1/2	1/3	1/5	1/4	1/8	1/7	1/6	0.022
C2	2	1	3	1/4	1/3	1/7	1/6	1/5	0.038
C3	3	1/3	1	1/5	1/4	1/9	1/8	1/7	0.026
C4	5	4	5	1	2	1/5	1/4	1/3	0.095
C5	4	3	4	1/2	1	1/6	1/5	1/4	0.067
C6	8	7	9	5	6	1	2	3	0.340
C7	7	6	8	4	5	1/2	1	1/2	0.206
C8	6	5	7	3	4	1/3	2	1	0.206

计算得判断矩阵的最大特征根$\lambda_{max}=8.6692$，CI=0.0956，RI=1.41，则 $CR=\frac{0.0956}{1.41}=0.0678<0.1$，满足一致性。

B2-C 判断矩阵及权重结果如表 3-6 所示。

表 3-6　B2-C 判断矩阵及权重结果

B2	C9	C10	C11	C12	C13	权重
C9	1	1/5	1/3	2	3	0.116
C10	5	1	3	6	7	0.503
C11	3	1/3	1	4	6	0.262
C12	1/2	1/6	1/4	1	2	0.073
C13	1/3	1/7	1/6	1/2	1	0.046

计算得判断矩阵的最大特征根$\lambda_{max}=5.1358$，CI=0.0340，RI=1.12，则 $CR=\frac{0.0340}{1.12}=0.0303<0.1$，满足一致性。

B3-C 判断矩阵及权重结果如表 3-7 所示。

表 3-7　B3-C 判断矩阵及权重结果

B3	C14	C15	C16	C17	C18	权重
C14	1	1/2	1/5	1/8	1/7	0.038
C15	2	1	1/4	1/7	1/6	0.055
C16	5	4	1	1/3	2	0.226
C17	8	7	3	1	4	0.494
C18	7	6	1/2	1/4	1	0.187

计算得判断矩阵的最大特征根$\lambda_{max}=5.2875$，CI=0.0719，

RI=1.12,则 $CR=\frac{0.0719}{1.12}=0.0642<0.1$,满足一致性。

综上可得,通过 AHP 法计算所得各指标的权重如表 3-8 所示。

表 3-8 AHP 法权重计算结果

目标层	准则层	指标层	权重
水生态安全综合评价(A)	压力(B1)	人口自然增长率(C1)	0.014
		城镇化率(C2)	0.024
		人均 GDP(C3)	0.016
		万元 GDP 用水量(C4)	0.060
		农田灌溉亩均用水量(C5)	0.043
		地下水超采率(C6)	0.217
		万元工业增加值废水排放量(C7)	0.132
		化肥施用强度(C8)	0.132
	状态(B2)	人均水资源量(C9)	0.012
		水质功能区达标率(C10)	0.053
		河道底泥有机污染指数(C11)	0.027
		河岸植物覆盖率(C12)	0.008
		有效灌溉面积占比(C13)	0.005
	响应(B3)	高效节水灌溉面积率(C14)	0.010
		灌溉水有效利用系数(C15)	0.014
		工业废水排放达标率(C16)	0.058
		生态环境用水率(C17)	0.128
		生态投入占 GDP 比例(C18)	0.048

可以看出，层次分析法确定的指标权重中，占比较大的指标有地下水超采率、万元工业增加值废水排放量、化肥使用强度和生态环境用水率，四项指标权重之和超过0.6。所有指标中权重占比较小的有有效灌溉面积占比、河岸植物覆盖率、高效节水灌溉面积率、人均水资源量、灌溉水有效利用系数、人口自然增长率和人均GDP，七项指标权重之和不足0.1。

3.3.2　熵权法指标权重

3.3.2.1　数据标准化处理

由于各个评价指标的量纲各不相同，无法进行比较计算，为了消除各量纲之间的差异，故在评价之前将各评价指标进行无量纲化处理。本书采用应用广泛的极差标准化方法对各指标的原始数据进行归一化处理，将指标值映射到[0~1]，以便进行综合对比评价。其中，正向指标表示该指标与综合值正相关，负向指标则表示该指标与综合值负相关。

正向指标标准化：

$$X'_{ij}=\frac{X_{ij}-X_{j\min}}{X_{j\max}-X_{j\min}}$$

负向指标标准化：

$$X'_{ij}=\frac{X_{j\max}-X_{ij}}{X_{j\max}-X_{j\min}}$$

式中：X'_{ij}为第i项指标第j年的标准值；X_{ij}为第i项指标第j年的实际值；$X_{j\min}$为第i项指标在评价年份内的最小值；$X_{j\max}$为第i项指标在评价年份内的最大值。

3.3.2.2　熵值计算

(1)计算各指标归一化值Y_{ij}：

$$Y_{ij} = \frac{X'_{ij}}{\sum_{j=1}^{n} X'_{ij}}$$

(2)计算各指标信息熵E_i:

$$E_i = -\frac{1}{\ln n}\sum_{j=1}^{n}(Y_{ij} \times \ln Y_{ij})$$

式中:$n=5$。

(3)计算各指标的差异性系数G_i:

$$G_i = 1 - E_i$$

3.3.2.3 权重计算

计算各指标的权重W_i:

$$W_i = \frac{G_i}{\sum_{i=1}^{m} G_i}$$

各指标的信息熵和权重如表3-9所示。

表3-9 各指标信息熵和权重

准则层	指标层	类别	权重
压力(B1)	人口自然增长率(C1)	-	0.040
	城镇化率(C2)	+	0.062
	人均GDP(C3)	+	0.050
	万元GDP用水量(C4)	-	0.039
	农田灌溉亩均用水量(C5)	-	0.051
	地下水超采率(C6)	-	0.065
	万元工业增加值废水排放量(C7)	-	0.050
	化肥施用强度(C8)	-	0.062

续表 3-9

准则层	指标层	类别	权重
状态(B2)	人均水资源量(C9)	+	0.070
	水质功能区达标率(C10)	+	0.045
	河道底泥有机污染指数(C11)	−	0.063
	河岸植物覆盖率(C12)	+	0.066
	有效灌溉面积占比(C13)	+	0.067
响应(B3)	高效节水灌溉面积率(C14)	+	0.050
	灌溉水有效利用系数(C15)	+	0.061
	工业废水排放达标率(C16)	+	0.067
	生态环境用水率(C17)	+	0.050
	生态投入占 GDP 比例(C18)	+	0.042

由表 3-9 可以看出,熵权法确定的指标权重分布相对均匀,指标之间的权重差距较小。占比较大的指标有人均水资源量、有效灌溉面积占比、工业废水排放达标率、河岸植被覆盖率、地下水超采率、河道底泥有机污染指数、城镇化率、化肥使用强度和灌溉水有效利用系数,九项指标权重之和为 0.583。权重占比较小的后九项指标之和为 0.417。

3.3.3　综合权重确定

取层次分析法和熵权法确定的权重值之和的平均数作为赵口引黄灌区二期工程区域水生态安全评价指标的综合权重,如表 3-10 所示。

表 3-10　各指标综合权重

准则层	指标层	类别	权重	权重排名
压力(B1)	人口自然增长率(C1)	-	0.027	18
	城镇化率(C2)	+	0.043	11
	人均 GDP(C3)	+	0.033	16
	万元 GDP 用水量(C4)	-	0.050	6
	农田灌溉亩均用水量(C5)	-	0.047	8
	地下水超采率(C6)	-	0.141	1
	万元工业增加值废水排放量(C7)	-	0.091	3
	化肥施用强度(C8)	-	0.097	2
状态(B2)	人均水资源量(C9)	+	0.041	12
	水质功能区达标率(C10)	+	0.049	7
	河道底泥有机污染指数(C11)	-	0.045	10
	河岸植物覆盖率(C12)	+	0.037	14
	有效灌溉面积率(C13)	+	0.036	15
响应(B3)	高效节水灌溉面积率(C14)	+	0.030	17
	灌溉水有效利用系数(C15)	+	0.038	13
	工业废水排放达标率(C16)	+	0.063	5
	生态环境用水率(C17)	+	0.089	4
	生态投入占 GDP 比例(C18)	+	0.045	9

各指标的权重分布如图3-2所示。

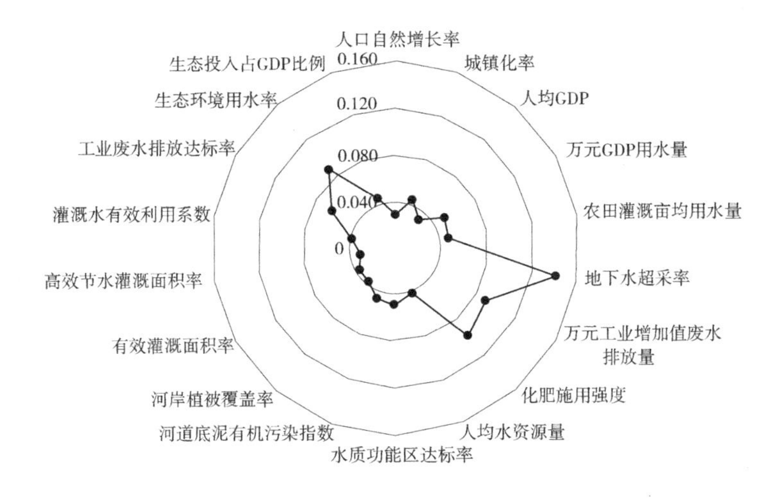

图3-2　各指标权重分布

其中,压力指标权重为0.532,状态指标权重为0.208,响应指标权重为0.265,说明对赵口引黄灌区二期工程区域水生态安全影响最大的是压力指标,其次是响应指标,最后是状态指标。压力指标中权重最大的指标是地下水超采率,状态指标中权重最大的是水质功能区达标率,响应指标中权重最大的是生态环境用水率。综合来看,权重大于0.05的指标共有6个,包括地下水超采率、化肥施用强度、万元工业增加值废水排放量、生态环境用水率、工业废水排放达标率和万元GDP用水量。权重排名前6项的指标权重之和为0.530,说明这6项指标对于灌区水生态安全具有非常重要的影响。

指标中权重最大的是地下水超采率,权重为0.141。水利部部长李国英在2022年全国水利工作会议上的讲话指出,将强化地下水超采治理纳入2022年的重点工作，完善地下水监测站网，加快确定地下水管控目标，实施地下水取水总量、水位双控管理，完善地下水水位变化通报机制。赵口引黄灌区长期以来一直依赖于开采利用地下水，造成地下水资源环境呈持续恶化趋势，河道内的生态用水被挤占，水体自净能力严重下降，水生态功能退化。因此，地下水超采无论从上层设计出发，还是结合赵口引黄灌区地下水开采现状，都对灌区的水生态安全有非常重要的影响。

化肥使用强度的权重为0.097，排名第2位。赵口引黄灌区以农业为主的生产方式，决定了灌区每年要使用大量的化肥。化肥中富含氮、磷元素，过量的化肥施用到土壤中，能被植物吸收利用的比例很小，大部分氮、磷元素随雨水或灌溉退水形成的地表径流流入到地表水体中，造成地表水富营养化加剧，严重影响灌区的水生态安全。

万元工业增加值废水排放量权重为0.091，排名第3位。万元工业增加值废水排放量代表了生产过程对生态环境的压力程度，万元工业增加值废水排放量越低，对受纳水体的污染程度越小，水生态安全程度越高。

生态环境用水率的权重为0.089，排名第4位。生态环境用水包括维持水生生物的生存需水、河流稀释自净需水、河流蒸发及渗漏需水等几个方面。水利部提出将河湖生态流量目标纳入江河流域水资源调度方案及年度调度计划，作为流域水量分配、水资源统一调度、取用水总量控制的重要依据。赵口引黄灌区范围内分布有涡河、惠济河、运粮河、铁底河等大小河流沟渠数十条，保证生态环境用水对于灌区整体水生态安全具有非常重要的作用。

工业废水排放达标率的权重为0.063，排名第5位。工业废水具有产量大、污染性强、危害性高的特点，如果得不到恰当的处理，排入地表水体后会对水生态安全造成严重的威胁。赵口引黄灌区虽然以农业为主，但是城镇范围内仍然有很多的工业企业，包括食品、纺织、医药等，规模以上工业总产值在生产总值中的占比较大。因此，工业废水排放达标率对灌区水生态安全具有非常重要的影响。

万元GDP用水量权重为0.050，排名第6位。万元GDP用水量反映了灌区生产方式的先进性，万元GDP用水量越低说明单位GDP的用水量越少，相应的废水产生量也就越少，对水环境的污染程度越低。水利部部长李国英在2022年全国水利工作会议上的讲话指出：2021年持续加大水资源节约和管理力度，推动万元GDP用水量指标纳入国家高质量发展综合绩效评价体系。说明万元GDP用水量不仅关乎水资源节约，而且是影响水生态环境安全的重要指标。

除以上6项指标外，水质功能区达标率、农田灌溉亩均用水量、生态投入占GDP比例、河道底泥有机污染指数、城镇化率、人均水资源量、灌溉水有效利用系数和河岸植被覆盖率等12项指标的权重之和为0.470，对灌区的水生态环境同样有重要的影响。

水质功能区达标率直接反映了灌区地表水水质的状态，对水生态有直接的影响，权重为0.049，排名第7位。“水十条”的实施和《水污染防治行动计划》的出台，使水环境治理达到新的高度。随着国家一系列政策的出台，水环境治理力度越来越大，我国地表水水质不断改善。赵口引黄灌区作为我国的特大型灌区，同样是水环境治理的重点区域。

农田灌溉亩均用水量权重为0.047，排名第8位。农田灌溉亩均用水量代表了农田灌溉对水资源的需求程度和节水灌溉力度，是灌区水生态安全评价的特色指标。农田灌溉亩均用水量的多少直接关乎水资源安全，用水量过多造成水资源紧张的同时，灌溉所产生的农田退水可能挟带氮、磷、农药等污染物质进入水体，造成水质污染,从而对水生态安全产生影响。

生态投入占 GDP 比例权重为 0.045,排名第 9 位。生态投入占 GDP 比例代表了生态保护和治理力度,近年来随着习近平总书记生态文明理念的广泛普及,以及人们对美好生活环境的需要,政府和企业在生态保护与治理方面的投入都逐渐加大,整体生态环境状态有明显的改善。灌区范围内的生态投入减轻了污染物输入水体的量,改善了水质,提高了水生态安全水平。

河道底泥有机污染指数权重为 0.045,排名第 10 位。河道底泥有机污染指数是反映水体内源性污染的重要指标。赵口引黄灌区以农业种植为主,过量施用化肥使难以被植物吸收利用的 N、P 元素在地表径流的作用下,进入到河道等地表水体当中,日积月累使底泥中的 N、P 严重超标,在不同的时间和条件下不断地向水体中释放,严重影响灌区的水环境。

城镇化率、人口自然增长率和人均 GDP 的高低,代表了人类生存繁衍和生产生活对自然环境产生的压力,对灌区的水生态安全具有重要的影响;人均水资源量代表了水资源安全的状态;河岸植被覆盖率代表了河流的生态状况;有效灌溉面积占比、灌溉水有效利用系数和高效节水灌溉面积率反映了灌区灌溉的先进程度,代表了水资源的消耗程度、水利设施的完整性,与水生态安全息息相关。

3.4 水生态安全现状评价

3.4.1 综合评价指数的确定

由 3.1 节评价指数的计算公式可得,各指标 2016—2021 年的评价指数如表 3-11 所示。

表3-11　各指标的评价指数

准则层	指标层	正负	评价指数					
			2016年	2017年	2018年	2019年	2020年	2021年
压力(B1)	人口自然增长率(C1)	-	0.013	0	0.001	0.014	0.027	0.030
	城镇化率(C2)	+	0	0.011	0.022	0.033	0.043	0.054
	人均GDP(C3)	+	0	0.004	0.011	0.017	0.033	0.041
	万元GDP用水量(C4)	-	0	0.003	0.013	0.019	0.050	0.017
	农田灌溉亩均用水量(C5)	-	0	0.005	0.036	0.047	0.019	0.016
	地下水超采率(C6)	-	0.141	0.117	0.093	0.044	0.012	0
	万元工业增加值废水排放量(C7)	-	0	0.010	0.031	0.058	0.091	0.094
	化肥施用强度(C8)	-	0.097	0.064	0.064	0	0.024	0.027
状态(B2)	人均水资源量(C9)	+	0.028	0.034	0.041	0.039	0.007	0
	水质功能区达标率(C10)	+	0	0.004	0.013	0.020	0.049	0.015

续表 3-11

准则层	指标层	正负	评价指数					
			2016年	2017年	2018年	2019年	2020年	2021年
状态(B2)	河道底泥有机污染指数(C11)	-	0.019	0.016	0	0.029	0.045	0.049
	河岸植物覆盖率(C12)	+	0.027	0.015	0	0.017	0.037	0.015
	有效灌溉面积率(C13)	+	0	0.016	0.028	0.036	0.036	0.041
响应(B3)	高效节水灌溉面积率(C14)	+	0	0.002	0.012	0.020	0.030	0.037
	灌溉水有效利用系数(C15)	+	0	0.010	0.029	0.038	0.038	0.042
	工业废水排放达标率(C16)	+	0	0.030	0.040	0.053	0.063	0.068
	生态环境用水率(C17)	+	0	0.010	0.031	0.082	0.089	0.092
	生态投入占GDP比例(C18)	+	0	0.003	0.010	0.028	0.045	0.049

2016—2021年压力指标、状态指标和响应指标的评价指数及综合评价指数如表3-12和图3-3所示。

表3-12　2016—2021年水生态安全评价指数

年份	准则层评价指数			综合评价指数
	压力	状态	响应	
2016	0.251	0.074	0	0.324
2017	0.214	0.085	0.055	0.354
2018	0.270	0.082	0.121	0.473
2019	0.230	0.140	0.220	0.590
2020	0.287	0.162	0.243	0.692
2021	0.274	0.120	0.288	0.682

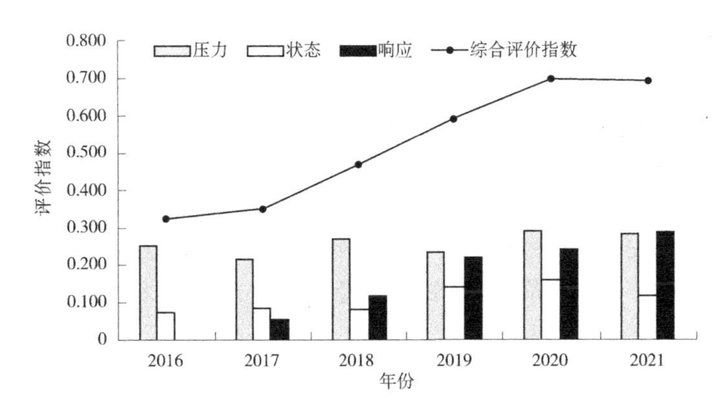

图3-3　2016—2021年各要素层评价指数变化

3.4.2　水生态安全状态评级

由于综合评价指数无法直接反映水生态安全的好与坏,因此需要将指标的综合评价指数按照一定的标准转化为等级值。参照2016年水利部等部门联合发布的《江河生态安全调查与评估技术指南》、2013年环境保护部发布的《流域生态健康评估技术指南》、吴舜泽等编著的《国家环境安全评估报告》以及相关学者的研究,将水生态安全状态分为5个等级,水生态安全评价分级标准见表3-13。

表3-13 水生态安全评价分级标准

综合评价指数	等级	水生态安全状态	状态描述
0~0.2	Ⅴ	重警(恶劣)	水生态环境恶劣,无法进行运转
0.2~0.4	Ⅳ	中警(较差)	水生态环境较差,很难进行修复
0.4~0.7	Ⅲ	预警(一般)	水生态环境一般,处于临界状态
0.7~0.9	Ⅱ	较安全	水生态环境良好,能够自我修复
0.9~1.0	Ⅰ	安全	水生态环境优越,基本不受干扰

按照水生态安全评价分级标准,2016—2021年赵口引黄灌区二期工程区域水生态综合评价指数为0.324、0.354、0.473、0.590、0.692、0.682,水生态安全等级分别为Ⅳ级、Ⅳ级、Ⅲ级、Ⅲ级、Ⅲ级、Ⅲ级,安全状态分别为中警(较差)、中警(较差)、预警(一般)、预警(一般)、预警(一般)、预警(一般),具体见图3-4。

图3-4 2016—2021年水生态安全评价结果

3.4.3　水生态安全评价分析

3.4.3.1　压力系统评价

压力评价指数表示压力指标对水生态安全水平的贡献大小。压力评价指数越大,对水生态安全的贡献越大,相对应的水生态安全的压力(风险)越小。由表3-12和图3-3可以看出,2016—2021年,压力评价指数呈现波动的趋势,说明水生态环境承受的压力并不稳定。分析主要原因是赵口引黄灌区二期工程区域内地下水持续严重超采,化肥施用量也持续增加,影响了水生态环境的改善。但是整体来说,水生态环境遭受的压力在逐渐减小,主要由于"十三五"以来,在习近平总书记"绿水青山就是金山银山"的生态优先发展理念下,开展了水污染综合治理,加大了对工业企业污染物排放的整治力度,大力推行清洁生产,企业也加大了对废水处理的投资力度,引进了先进的废水处理工艺和设备,因此万元工业增加值废水排放强度逐年减小。另外,随着经济社会发展到一定程度,人口自然增长率持续下降,降低了人口对水生态环境的压力;城镇化率和人均GDP的稳步增加,说明人们的生活水平逐步提高,对水生态安全的需求也有所增加,对于提高水生态安全具有重要的积极影响。在水资源量越来越紧张的今天,节水已经成为水资源利用的主题,赵口引黄灌区范围内万元GDP用水量和农田灌溉亩均用水量持续降低,减轻了对水资源的消耗,降低了对水生态的压力。

值得一提的是,压力指标中地下水超采率从2016年开始就持续增加,到2019年达到33.4%,已经严重影响水生态安全。这是由于灌区水资源严重短缺,加上灌区水利基础设施薄弱,引黄量不足,长期以来一直依赖于开采地下水进行灌溉,造成地下水资源环境持续恶化。地下水过量超采导致浅层地下水埋深增大,下游杞县、太康等县局部大于15 m,形成了地下水降落漏斗。特别是开封市及部分县城乡镇附近已形成复合降落漏斗,最大埋深超过30

m。大范围超采地下水带来了地下水污染、土壤沙化等一系列生态问题。

3.4.3.2　状态系统评价

由表3-12和图3-3可以看出，状态评价指数的值相对较低，说明其对水生态安全的贡献相对较小。2016—2020年，状态评价指数整体呈现稳步增加的趋势，说明整体的水生态环境在逐步转好。分析原因是在水生态安全压力逐渐减轻的状态下，水质功能区达标率逐渐提高，河道底泥污染情况有所好转，河岸植被覆盖面积有所增加，有效灌溉面积占比也越来越大。但是2021年的状态评价指数有所降低，原因是受到赵口引黄灌区二期工程建设施工的影响，导致地表水水质有所降低，河岸植被覆盖率也有所下降。

3.4.3.3　响应系统评价

响应评价指数代表了为应对压力状况和当前的水生态状态所采取措施的力度。由表3-12和图3-3可以看出，2016—2021年响应评价指数呈持续升高的趋势。说明2016年的水生态环境保护力度最弱，随着国家对生态文明的重视和人们对美好生活环境要求的提高，对水生态环境的保护力度随之增加。

在习近平总书记“十六字”治水思路的指导下，河南省继续加强需求管理，把水资源、水生态、水环境承载力作为刚性约束，贯彻落实到改革发展稳定各项工作中。首先，把水资源作为最大刚性约束，坚持和落实节水优先方针，大力推动赵口引黄灌区水利灌溉和节水工程建设，高效节水灌溉面积逐年增加，灌溉水有效利用系数稳定增长。但是2021年赵口引黄灌区灌溉水有效利用系数仅为0.485，高效节水灌溉面积占比也只有30.83%，距离现代化灌区的目标还有很大的差距。其次，水污染防止攻坚战等一系列水环境整治工作的开展，促使工业废水排放达标率稳步增加，到2021年基本实现灌区范围内工业废水完全达标排放，这对于保障灌区水生态安全具有重要的意义。另外，参照黄河下游大功引黄灌区水安全分级标准,赵口引黄灌区的生态环境用水率仍然处于基本安全水平线以下,需要进一步通过引调黄河水等方式来补充灌区的生态环境用水,同时也避免生产生活方式对于生态环境用水的占用。此外, 2016—2021 年期间,赵口引黄灌区二期工程区域内生态投入占 GDP 的比例逐渐增加,说明生态环境整治力度逐年加大。但是截至 2021 年,生态投入占 GDP 的比例也仅仅维持在 2%左右的较低水平,距离南方地区(如江苏、浙江等地)超过 3%的生态投入还有很大的差距,与发达国家在生态保护与治理方面的投入更加无法相提并论,这也是今后灌区生态环境治理需要重点关注的内容。

3.4.3.4　水生态安全综合评价

赵口引黄灌区二期工程区域水生态安全综合评价指数如图 3-4 所示。可以看出,2016—2021 年综合评价指数呈先增加后轻微下降的趋势。2016 年水生态安全综合评价指数为 0.324, 2020 年水生态安全综合评价指数升高至 0.692,说明赵口引黄灌区二期工程区域内水生态安全状态在持续改善。主要归因于万元工业增加值废水排放量、万元 GDP 用水量和农田灌溉亩均用水量等指标的改善,减轻了水生态环境承受的压力。相应地,水质功能区达标率持续提高,有效灌溉面积也不断增加。此外,灌区现代化建设使得高效节水灌溉面积和灌溉水有效利用系数持续提高。生态保护与治理行动的开展也使工业废水达标排放率、生态环境用水率和生态投入占 GDP 比例稳步增加。2021 年水生态安全综合评价指数降低为 0.682,主要是由于 2021 年赵口引黄灌区二期工程建设过程中,因施工人员生活产生的废物和生活污水难免对灌区河流水体产生影响,造成地表水水质下降。此外,施工过程中可能造成河流两岸植被破坏,河岸植被覆盖率有所降低,一定程度上对灌区水生态环境产生影响。

按照表 3-13 水生态安全评价等级的划分可知,2016—2021 年赵口引黄灌区二期工程区域水生态安全等级依次为中警(较差)、中警(较差)、预警(一般)、预警(一般)、预警(一般)、预警(一般)。可以看出,2016年、2017年水生态安全综合评价指数处于较低的水平,水生态安全状况较差,水生态系统结构较不合理,生态系统服务功能发生退化,抗干扰能力较差,生态恢复较为困难。从2018年开始,水生态安全改善为预警的基本安全状态,此时的生态系统结构不合理程度较低,生态系统服务功能虽受到一定程度破坏,但能维持其基本运转,能抵御部分干扰,生态系统恢复难度较低。2020年和2021年,虽然水生态安全仍处于预警状态,但是综合评价指数稳步上升接近0.7,此时的水生态已经接近较安全的状态。原因是随着河南省先后开展了碧水行动计划、水污染防治攻坚战、黑臭水体治理、农村环境综合整治等多项工作,环境治理从分散治理逐步向系统治理和规模治理方向发展;河湖长制保持"强监管"高压态势,"十三五"期间全省地表水环境质量持续改善,水生态安全持续向好。

从压力系统、状态系统和响应系统对水生态安全的贡献率来看,对水生态安全影响最大的是压力系统,其次是响应系统,最后是状态系统。由压力系统、状态系统和响应系统各自的评价指数在综合评价指数中的占比可以看出,压力系统在水生态安全中的占比是逐渐下降的,从2016年的77.5%逐渐下降为2021年的40.2%,而响应系统的占比则有所提高。说明在评价前期,压力系统很大程度上决定了水生态安全状况,但是压力系统的影响作用是逐渐下降的,而响应系统对水生态安全的作用越来越明显,说明人类为应对水生态环境的变化所采取的应对措施愈加重要。

3.5　水生态安全预测评价

由于赵口引黄灌区二期工程是国家的重大水利工程,无论对灌区范围内的生态环境还是经济社会都有很大的影响。因此，除对灌区范围内的水生态安全现状进行评价外，开展水生态安全预测评价工作也十分必要。2022年赵口引黄灌区二期工程区域水生态安全预测结果如图3-5所示。

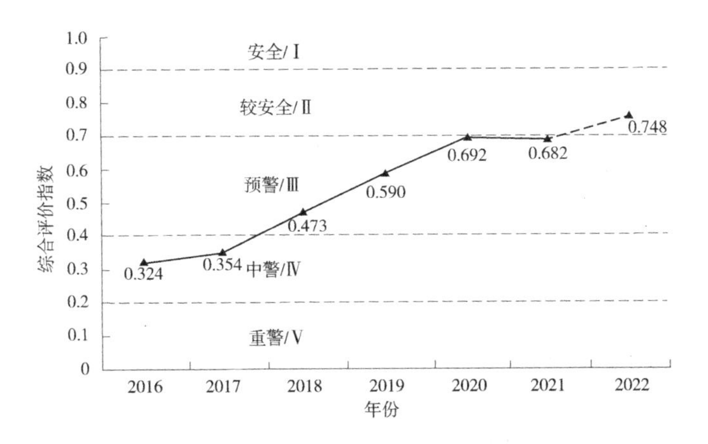

图3-5　2016—2022年综合评价指数变化

由图3-5可以看出，2022年赵口引黄灌区二期工程区域水生态安全综合评价指数升高至0.748，处于较安全的状态，水生态环境良好，自我修复能力较强，主要归因于引黄工程建设所带来的影响。

赵口引黄灌区二期工程渠道衬砌416.382 km，提高了河沟渠的输水效率，减少了水资源损失；工程范围内共治理干、支沟36条，总长414.7 km，有效控制了河道底泥污染，大大减轻了底泥中污染物向水体中的释放，保障了水质安全；改建沉沙池1座，用于对引黄水进行沉沙处理，防止灌区内河沟渠淤积堵塞，提高输水效率和输水水质；灌区工程根据需要布置各种类型建筑物1 181座，包括节制闸、拦河闸、倒虹吸等，提升了灌区水利工程的连通性，增加了对水资源的控制性，有效灌溉面积大大提升；灌区建设田间工程 220.5 万亩,其中常规地面灌溉 174.1 万亩,低压管灌 33.1 万亩、喷灌 4.4 万亩、滴灌 8.9 万亩,将有效提高灌溉水有效利用系数和高效节水灌溉面积,农田灌溉亩均用水量和万元 GDP 用水量将有所下降,在节约水资源的同时,也减少了地下水开采量。

3.6 灌区水生态安全改善对策

针对赵口引黄灌区二期工程区域内的水生态安全综合评价结果,提出具有科学性、针对性和可行性的改善对策,使赵口引黄灌区水生态环境安全得到提高,实现经济社会、水资源、水生态和水环境的协调发展。

(1)降低水资源消耗力度。贯彻习近平总书记“节水优先、空间均衡、系统治理、两手发力”的治水思路,把水资源作为最大的刚性约束,推进水资源节约利用。持续推进节水型生产和生活方式,严格指标管控、过程管控和监督管控。深入推进农业节水增效,持续增加高效节水灌溉面积,提高灌溉水有效利用系数;严格执行工业节水减排,以高耗水行业为重点,深入推进节水改造;有效保障城镇节水降损,推广节水器具普及,完善强化节水科技创新引领,加快解决结构性、效率性缺水问题。持续保障万元 GDP 用水量和农田灌溉亩均用水量稳步下降[9]。

(2)保障河流生态流量。灌区内的河流大部分是季节性河流,枯水期断流,生态流量无法保障。因此,要统筹节水、调水等措施,优化水资源配置,实施区域水资源综合管理,将生态用水纳入区域水资源配置统一管理。加快制定主要河流水量分配方案,严格用水总量指标管理,严格控制不合理的河道外用水。降低当地水开发利用程度,退还被挤占的河湖生态用水。加快推进赵口引黄灌区二期工程的建设,通过增加引黄水量、增加水系连通性、减少输水损失,保证河道生态基流[10-11]。

(3)推进地下水超采治理。针对赵口引黄灌区地下水严重超采的现状,要贯彻地下水管理条例,制定地下水开发利用管理办法,加大雨洪资源利用力度,利用水体自然下渗,强化地下水回补,提升地下水水位。实施地下水取水总量、水位双控管理,加大地下水取水井封存力度,推进超采区机井封填工作,加快关停城镇集中供水覆盖范围内的自备井。高效利用引黄水,减少地下水开采量[12-13]。

(4)加快水环境综合整治。遵循"污染源—排污管线—入河排污口—水体"全链条治理原则,深入实施水污染防治行动计划。系统推进工业污染治理,强化工业企业污染管控,全面推进污水处理设施建设,实施稳定达标排放,有效降低万元工业增加值废水排放量,提高工业废水排放达标率;加快推进城镇生活污染治理,全面提升城镇污水收集能力,减少降雨径流污染河流水体,综合整治城镇河湖水环境,推进县级城市建成区黑臭水体治理工作,对惠济河、涡河等河流通过疏挖河槽和生态清淤等措施,保障枯水季节河槽流量和流速,消除内源污染,为水生生物栖息提供健康的基底生态空间;持续推进农村污染整治,保障农村生活污水治理,建立健全生活垃圾收运处置体系,有序开展农村黑臭水体整治;严格控制农业污染,推进规模以上畜禽养殖粪污处理利用设施建设,深入开展化肥农药减量增效,提高农业用水效率,降低农业尾水排出量,利用人工湿地、生态沟渠等,净化农田排水及地表径流[14-15]。

(5)强化河流水系连通性。当前一个时段赵口引黄灌区的河流水生生境呈现片段化,影响了区域整体水质和水生生物多样性,是水生态环境安全的短板和弱项。应当加快实施引黄调水和流域内水系连通工程,提高水资源统筹调配能力,合理连通相关的河沟渠,改善水体的流动性。统筹规划闸坝建设布局,合理优化现有闸坝调度运行方式,对现状闸坝进行提升改造,增强河流连通性[16-18]。

3.7 小 结

项目通过对国内水生态安全相关评价指标体系的研究，结合国家宏观规划和赵口引黄灌区水生态现状，建立起赵口引黄灌区二期工程区域水生态安全评价指标体系。通过资料调查和现场监测等手段，获取各指标 2016—2021 年间的数据，采用综合指数法对赵口引黄灌区的水生态现状进行综合评价。同时以各指标的平均变化率为参照，充分考虑引黄工程建设的影响，合理估算 2022 年工程完工后各项指标的数值，从而进行预测评价。最后，对评价结果进行分析和讨论，并提出针对性的建议与对策。得到的主要结论如下：

(1)基于压力-状态-响应(PSR)评价模型，从经济社会、水资源、水生态和水环境等方面初步选取了 26 个评价指标，综合考虑指标的代表性、特色性、相对独立性、易得性和定量性等特点，筛选出 18 个评价指标，建立起赵口引黄灌区二期工程区域水生态安全评价指标体系。

(2)权重方面，层次分析法与熵权法所确定的各指标权重有较大的区别，取两种方法的平均值作为综合权重更为准确。其中，压力指标的权重为 0.528，状态指标的权重为 0.208，响应指标的权重为 0.265。所有指标中权重大于 0.05 的指标共有 6 个，依次为地下水超采率、化肥施用强度、万元工业增加值废水排放量、生态环境用水率、工业废水排放达标率和万元 GDP 用水量，权重排名前 6 项的指标权重之和为 0.530，是影响灌区水生态安全的主要指标；其余 12 项指标权重之和为 0.470，是影响灌区水生态安全的次要指标。

(3)评价结果方面，2016—2021 年水生态安全综合评价指数依次为 0.324、0.354、0.473、0.590、0.690、0.682，水生态安全等级依次为Ⅳ级、Ⅳ级、Ⅲ级、Ⅲ级和Ⅲ级,水生态安全状态分别为中警(较差)、中警(较差)、预警(一般)、预警(一般)、预警(一般)、预警(一般)。灌区的水生态安全状况总体呈现逐年改善的趋势。2021年由于引黄工程建设施工,对河流水质和河岸植被覆盖面积等指标产生了负面影响,导致2021年水生态安全状况有所波动。此外,预测2022年水生态安全的综合评价指数为0.748,能够达到较安全的状态。主要因为引黄的工程建设将提高有效灌溉面积、高效节水灌溉面积和灌溉水有效利用系数,降低农田灌溉亩均用水量和万元GDP用水量。同时,河流连通性的增加将有效改善灌区地表水水质,减轻底泥污染。

参考文献

[1] 褚克坚,阚丽景,华祖林,等. 平原河网地区河流水生态评价指标体系构建及应用[J]. 水力发电学报,2014,33(5): 138-144.

[2] 厉彦玲,朱宝林,王亮,等. 基于综合指数法的生态环境质量综合评价系统的设计与应用[J]. 测绘科学, 2005(1):89-91,111-112.

[3] 杨蓉,刘波,王东霞,等. 基于不同方法的水生态健康评估——以北京市典型水体为例[J]. 中国环境监测, 2022,38(1):165-174.

[4] 张柱. 河流健康综合评价指数法评价袁河水生态系统健康[D]. 南昌:南昌大学,2011.

[5] 何志斌,蔺鹏飞. 基于压力-状态-响应模型的黑河中游张掖市生态安全评价[J]. 生态学报, 2021,41(22):9039-9049.

[6] 谢华晶,李克飞,李继清,等. 基于DPSIR模型的滇池流域水生态安全评价[J]. 环境保护科学, 2021,47(6):94-99.

[7] 王繄玮,陈星,朱琰,等. 基于PSR的城市水生态安全评价体系研究——以"五水共治"治水模式下的临海市为例[J]. 水资源保护, 2016,32(2):82-86.

[8] 李倩娜,唐洪松. 沱江流域城市生态安全评价及其耦合特征分析[J]. 生

态经济, 2021,37(12):91-97,114.
[9] 许国钰.基于水生态足迹视角下贵阳市水资源脆弱性评价及分析[D].贵阳:贵州师范大学,2018.
[10] 纪平.保障生态流量 当好河湖代言人[J].中国水利,2020(15):3.
[11] 刘双阳.浅谈河流生态流量确定与保障[J].治淮, 2020(9):11-12.
[12] 张庆伟.强力推进地下水超采综合治理[J].河北水利,2014(10):4-5.
[13] 周明勤.积极推进华北地区地下水超采综合治理[J].农村财政与财务,2014(11):8-10.
[14] 陈磊.城市水环境综合整治与污染控制治理的对策[J].海峡科技与产业,2017(7):215-217.
[15] 李晓光.浅议新形势下水环境综合整治的分析研究[J].资源节约与环保,2020(8):22.
[16] 胡昊,董增川,李梓嘉,等.平原区水系连通实践与思考[J].中国农村水利水电,2013(1):41-44.
[17] 夏军,高扬,左其亭,等.河湖水系连通特征及其利弊[J].地理科学进展, 2012,31(1):26-31.
[18] 张欧阳,卜惠峰,王翠平,等.长江流域水系连通性对河流健康的影响[J].人民长江, 2010,41(2):1-5,17.

第 4 章　灌区水动力-水质耦合模型构建

4.1　模型选择

4.1.1　模型筛选

本书通过地表水环境数学模型(surface water environment numerical models,SWENM)模拟赵口引黄灌区二期工程施工完成前后,闸控一维河网的水动力和水质变化,评价水系连通工程对灌区水生态环境的影响[1]。目前常用的包含水动力和水质模块的地表水环境数学模型如表 4-1 所示。表中 QUAL、EFDC、IWIND、MIKE11 和 WASP 等可对一维河道水动力过程及水质进行模拟。

表 4-1　常用地表水环境数学模型(包含水动力和水质模块)

名称	研发机构	模型特征					运行特征		技术特征		
		水动力模块	水质模块	水生态模块	沉积成岩模块	流域功能	代码开源	系统	免费	软件化	说明书
CE-QUAL-R1	USACE	有	有	无	无	无	是	Mac OS	否	否	有

续表 4-1

名称	研发机构	模型特征					运行特征		技术特征		
		水动力模块	水质模块	水生态模块	沉积成岩模块	流域功能	代码开源	系统	免费	软件化	说明书
CE QUAL-RIV1	USACE	有	有	无	无	无	否	Mac OS/Windows	否	否	无
CE-QUAL-W2	USACE	有	有	无	无	无	否	Mac OS/Unix/Windows	是	否	有
CJK3D	南京水利科学研究院	有	有	无	无	无	否	Windows	是	是	有
DELFT3D	WL/Delft Hydraulics	有	有	无	无	无	是	Unix/Windows	是	是	有
ECOMSED	HydroQual, Inc.	有	有	无	无	无	是	Mac OS/Unix/Windows	是	部分	有
EFDC	EPA and Tetra Tech, Inc.	有	有	有	有	有	是	Mac OS/Unix/Windows	是	是	有

续表 4-1

名称	研发机构	模型特征					运行特征		技术特征		
		水水动力模块	水质模块	水生态模块	沉积成岩模块	流域功能	代码开源	系统	免费	软件化	说明书
IWIND	EPA and TetraTech, Inc.	有	有	有	无	有	是	Mac OS/Unix/Windows	是	是	有
MIKE11	Danish Hydraulic Institute	有	有	无	无	无	否	Windows	部分	是	有
MIKE21	Danish Hydraulic Institute	有	有	无	无	无	否	Windows	部分	是	有
WASP	EPA	有	有	无	无	无	是	Mac OS/Windows	是	是	有

其中 WASP(water quality analysis simulation program)模型在水动力学模拟部分薄弱,其内嵌的一维水动力模型 DYNHYD5 只能进行“节点-河道”式的模型概化,无法模拟特殊水工构筑物的影响,不具备模拟水利工程运行的功能,因此不适用于平原河网水动力模拟[2-3]。EFDC(environmental fluid dynamics code)模型是可模拟包括河流、湖泊、水库、河口、海洋和湿地等地表水环境系统的三维水质综合数学模型,可模拟一维流场、二维流场和三维流场、

物质运输、生态过程及淡水流入等[4-5]；IWIND（intelligent watershed integrated decision-making system）模型以 EFDC 为计算内核，可用于一维、二维及三维河流湖泊及水库等水体的水动力和水质模拟[6]。目前，EFDC 和 IWIND 模型在一维河网模拟方面的研究极少，其适用性有待验证。QUAL2K 是可模拟河道水质的一维稳态模型，但只能在有氧环境下模拟水质参数，近年来国内机构和学者很少涉及，在国内应用较少，适用性有待验证[7-8]。

MIKE11 模型可用于河流、灌溉渠道等河（渠）网的一维动态水动力、水质模拟，进行河渠灌溉系统的设计与调度、洪水预报与调度、污染物模拟预测、水质预警等工作，是目前国际上同类型软件中应用最为广泛的，具有计算稳定、精度高、可靠性强等特点，尤其适用于水工建筑物众多、调度复杂的情况[9-10]。

MIKE11 模型在我国河流水文水质模拟、评价和水污染治理中应用广泛。朱茂森[11]基于 MIKE11 模型的 4 级水质模块建立了辽河流域的一维水质模型，模拟了 BOD_5、NH_3-N 等的迁移扩散和衰减过程。李梓嘉等[12]借助 MIKE11 模型分析了各种引水冲污工程措施调控对河网水系水量水质的影响，以研究改善水系水环境的可行性技术方案。高强[13]基于补水调度试验水文水质同步监测，利用 MIKE11 模型，通过对补水流量、补水时间、开泵时间等控制指标的优化研究，提出了河涌补水的优化调度方案，以维护三条河涌生态基流并改善水质。熊鸿斌等[14]使用 MIKE11 模型针对多坝闸重度污染的颍河，以高锰酸盐指数和氨氮为指标，建立一维河网水动力水质模型，模拟了补水流量、补水水质、补水位置和补水方式等措施对改善颍河水质效果的影响，为其污染控制提供了调控补水方案[14]。钱海平等[15]应用 MIKE11 软件建立了客观反映感潮河网特征的水动力和水质模型，计算出达到水质（氨氮、COD、TP）改善目标应削减的污染负荷，将其用于水环境综合治理。管仪庆等[16]基于 MIKE11 模型建立了平原河网一维水动力和水质耦合模型。计算了氨氮和 COD 水环境容量及现状入河污染物负荷、氨氮和 COD 在各个流量历时区内的削减量和削减率,为其水生态保护和水资源管理提供依据。综上,针对赵口引黄灌区二期工程闸控一维复杂河网的水动力、水质模拟过程,选择 MIKE11 模型为工具进行模拟,以评估水系连通工程对灌区水生态环境的影响,以期为建立灌区水体交换、水质改善和水生态修复综合调控技术体系提供基础依据。

4.1.2　结构原理

MIKE11 模型是模拟水体流动情况、水环境质量、物资运移的一维水质模型,内部包含 Hydrodynamic(HD)水动力模块、Advection-Dispersion(AD)对流扩散模块、Flood Forecast(FF)洪水预报模块、Sediment Transport(ST)泥沙输送模块、Rainfall-Runoff(RR)降雨径流模块、Load Calculator(LOAD)污染负荷模块和 ECOlab 水质生态模块等。本次所需用到的模块为水动力模块(HD)和水质模块(AD)[17-18]。

需满足以下三种条件才可运行 MIKE11 模型,需有能够表示相关物理规则的一类微分方程,要有相应的使一类微分方程线性描述的式样,确定计算一类线性方程的计算模式。

4.1.2.1　水动力模块(HD)

水动力模块(HD)是 MIKE11 模型内置的其他模块的计算基础,其基于垂向积分的物质和动量守恒方程来模拟河流或河口的水流状态,即一维明渠非恒定流方程,理论基础为 Saint-Venant 方程组,分为质量守恒的连续方程和能量守恒的动量方程。而 Saint-Venant 方程组基于以下假设建立:①流速沿整个过水断面(一维情形)或垂线(二维情形)均匀分布,可用其平均值代替。不考虑水流垂直方向的交换和垂直加速度,从而可假设水压力呈静水压力分布,即与水深成正比。②河床比降小,其倾角的正切与正弦值近似相等。③水流为渐变流动,水面曲线近似水平。④边界摩擦和紊动的影响可以用阻力来说明。

连续方程:

$$B_s \frac{\delta A}{\delta t} + \frac{\delta Q}{\delta x} = q$$

动量方程:

$$\frac{\delta Q}{\delta t} + \frac{\delta}{\delta x}\left(\alpha \frac{Q^2}{A}\right) + gA\frac{\delta h}{\delta x} + g\frac{Q \mid Q \mid}{C^2 AR} = 0$$

式中:B_s 为河宽;Q 为断面流量,m^3/s;q 为单位河长的旁侧入流量,m^3/s;t 为水体运行的时间(时间坐标),s;x 为按照水体流动走向的直线里程(空间坐标),m;A 为断面过流面积,m^2;h 为断面水位高度,m;α 为垂向速度分布系数,$\alpha = \frac{A}{Q^2}\int_A^h u^2 \mathrm{d}A$,$u$ 为断面平均流速;R 为水力半径,m;C 为谢才参数;g 为重力加速度,m/s^2。

所涉及的基本参数如图 4-1 所示,图中 y 为水面高程。

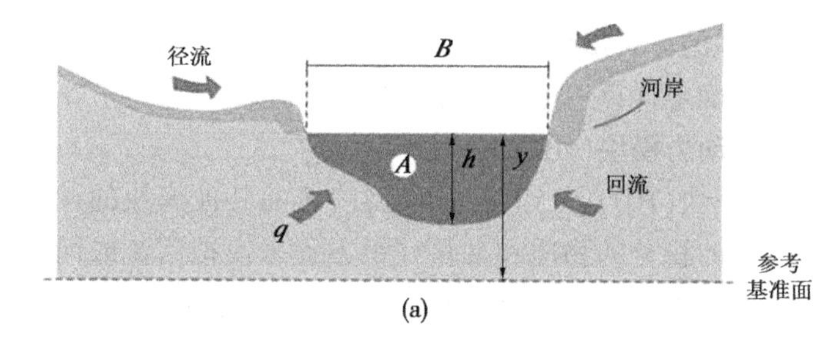

图 4-1 Saint-Venant 方程组所涉及的基本参数图示

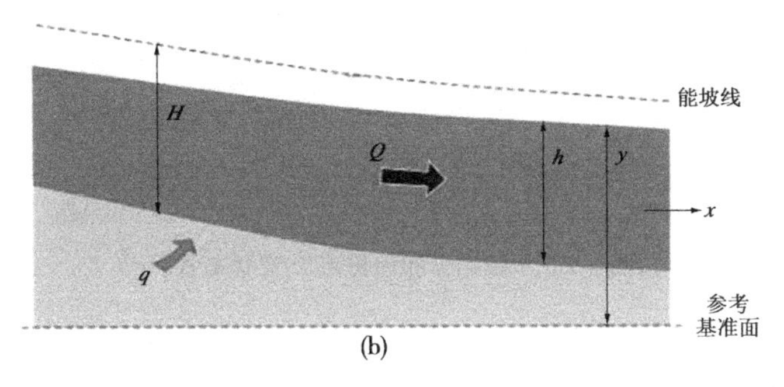

续图 4-1

连续性方程反映了河道中的水量平衡。动量方程中,第一项反映某固定点的局地加速度,第二项反映由于流速的空间不均匀引起的对流加速度。前两项称为惯性项。第三项反映了水深的影响,为压力项。第四项反映了摩阻和底坡的影响。若忽略运动方程中的惯性项和压力项,只考虑摩阻和底坡的影响,简化后方程组所描述的运动称为运动波,运动波方程组适用于陡坡河道,但不能用于回水和潮汐计算。若只忽略惯性项的影响,所得到的波称为扩散波,扩散波方程组适用于相对稳定的回水现象或缓慢演进的洪水波,但不能用于潮汐计算。

MIKE11 水动力模块采用 Abbott-Ionescu 六点隐式差分格式求解,在每一个网格点不同时计算水位和流量,按顺序交替计算水位(h 点)和流量(Q 点),如图 4-2 所示。在连续方程中,Q 仅对 x 求偏导,容易写为以水位点 h 为中心的形式,见图 4-3(a)。动量方程则以流量点 Q 为中心,见 4-3(b)。Abbott-Ionescu 六点隐式差分格式计算网格点布置方式见图 4-4。

六点隐式差分格式稳定性好、计算精度高,离散后用追赶法求解线性方程组。因此,模型可在相当大的 courant 数下保持计算的稳定性,以取得更长的时间步长,节省计算时间。

HD 模块建模需要以下 6 个文件的基本数据,运行后获得一个结果文件,如表4-2所示。模型结构见图4-5。

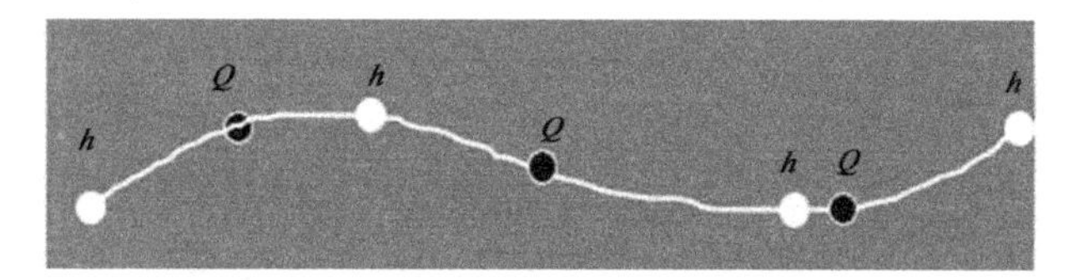

图4-2　水位点 h 和流量点 Q 交替布置

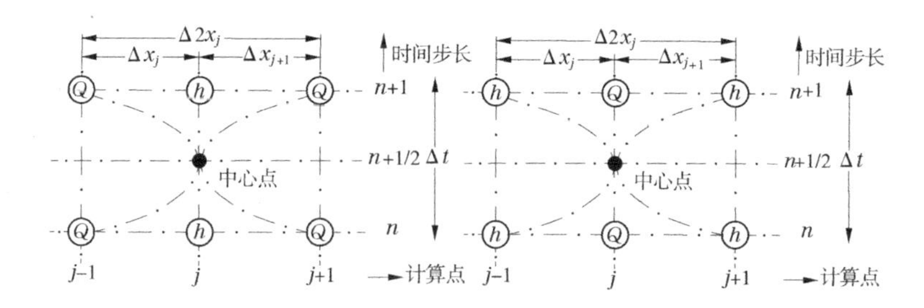

图4-3　Abbott-Ionescu六点隐式差分格式求解Saint-Venant方程组

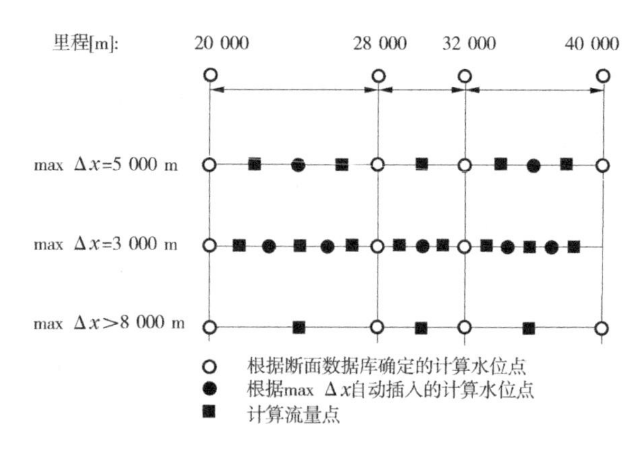

图4-4　Abbott-Ionescu六点隐式差分格式计算网格点布置方式

表 4-2　HD 模块建模文件说明

文件名称	文件后缀名	储存数据	说明
河网文件	. nwk11	河道数据	河道名称、长度，建筑物所在位置及调度规则等
断面文件	. xns11	断面数据	断面所在位置、断面形状等
边界文件	. bnd11	边界数据	边界数据的类型等
参数文件	. hd11	模拟参数	模型所需要的一些基本参数，如糙率、初始条件等
模拟文件	. sim11		模拟起止时间、时间步长等
时间序列文件	. dfs0		存储与时间相关的数据，如流量、水位等
结果文件	. res11		用于查看计算结果以及后处理等

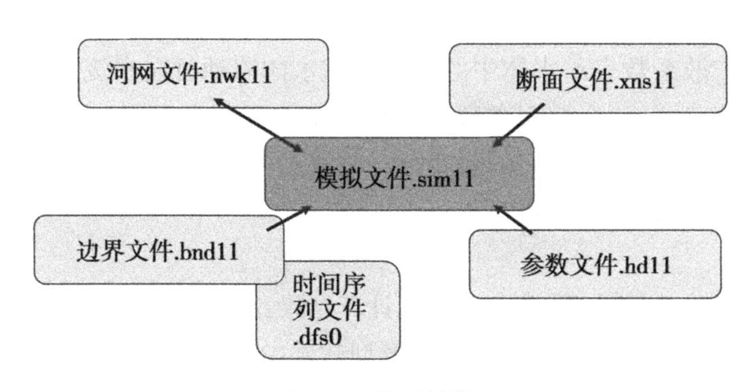

图 4-5　模型结构

4.1.2.2 对流扩散模块(AD)

MIKE11 AD 模块可对水体可溶性物质和悬浮性物质对流扩散过程进行模拟,它基于水动力学模块结果进行计算。不仅可模拟保守物质,还可通过设定恒定的衰减常数来模拟非保守物质,物质守恒符合 Fick 扩散定律,即扩散与浓度梯度成正比。AD 模块能够描述水体不停流动和不同污染物污染级别的作用下,水污染物质在运动和自我消解过程中不同时段的位置分布状态。MIKE11 AD 模块是基于 MIKE11 HD 模块建立的。

AD 模块描述水污染物质运动的一维恒定流是基于垂向积分的物质和动量守恒方程:

$$\frac{\delta AC}{\delta t}+\frac{\delta QC}{\delta x}-\frac{\delta}{\delta x}\left(AD\frac{\delta C}{\delta x}\right)=-AKC+C_2q$$

式中:t 为时间,s;x 为污染物运行里程,m;C 为污染物的浓度,mg/L;q 为模拟从水系旁流入污染物的量,m^3/s;D 为污染物在河道截面上下扩散运动的参数,m/s;K 为水质污染指标衰减参数,1/d;A 为河道截面的面积大小,m^2;C_2 为水质指标污染的浓度,mg/L。

扩散系数表示水体中的污染物随水体流动时在水流方向上扩散的速率,是一个综合参数项。目标水体需要考虑对流扩散作用时,需要用中心和空间的隐式差分格式对方程组计算求解,其方程可通过经验估算得出:

$$D=avb$$

式中:v 为水流速度,可根据 HD 计算结果;a 和 b 为系数,a 为模型软件中的 Dispersion factor,b 为模型软件中的 Exponent。

对流扩散方程符合以下的水体污染物运移规律:①水体污染物跟随着水体的流动而扩散;②水体中不同空间区域的浓度不同会导致水体污染物的迁移。同时需要假定下面的几个条件:①在同一河道截面上均质分布相同,从固定点排放进入河流的污染物能够当即分布均衡;②进入河流的水体污染物质能符合一定的衰减特征;③能用 Fick'S 算法计算。

AD 模块模型框架和 HD 模块相同,具体的模型参数不同。

4.2　河道概化文件设置

赵口引黄灌区均属涡河水系,共划分为 4 个分区 11 个计算单元。分别为总干渠区、上游渠灌区、涡河引水区、惠济河引水区 4 个分区,总干灌片、东一干灌片、朱仙灌片、下惠贾渠灌片、姜清沟灌片、陈留灌片、石岗灌片、惠济灌片、幸福灌片、团结灌片及宋庄灌片共 11 个灌片。共布置 1 条总干渠、9 条干渠、6 条分干渠、15 条支渠及 51 条(本次治理 28 条)河(沟)道。如图 4-6 所示。选取适当的河沟渠对赵口引黄灌区二期工程范围内的水系网络进行概化。

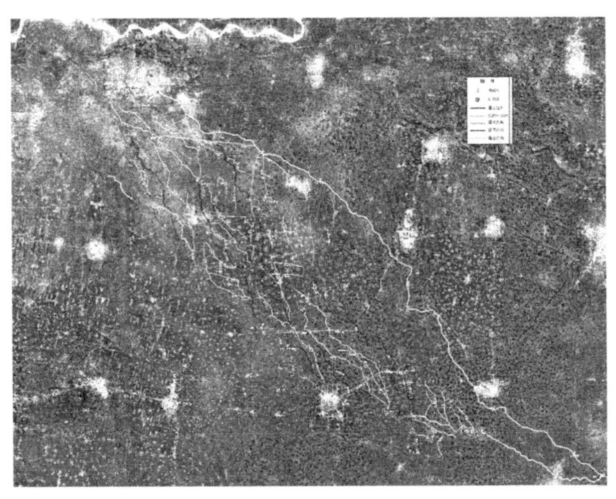

图 4-6　赵口引黄灌区二期工程主要河沟渠构架

河网概化的原则为能基本反映天然河网的水力特性,概化后河网的输水能力和调蓄能力与实际河网相近或基本一致。按照地形及水流条件,重点分析主要河沟渠,水量较小,对整个河网影响较小的短小河沟渠段可不予考虑,或同其他河沟渠综合分析考虑。因此,本书应用 ArcGIS 概化了赵口引黄灌区二期工程范围内的河沟渠,选择其中 16 条骨干渠道(总干渠、干渠、分干渠)和 17 条河沟道,将其导入 MIKE11 形成连通的概化河网文件(. nwk11),如图 4-7 所示。16 条总干渠、干渠、分干渠分别为总干渠、东一干渠、东二干渠、陈留分干、朱仙镇分干、石岗分干、跃进干渠、幸福干渠、幸福西分干渠、幸福东分干渠、杞县东风干渠、东风二干渠、幸福渠、团结干渠、(太康)东风干渠、宋庄干渠,17 条河沟道为涡河、惠济河、香冉沟、孙城河、小温河、铁底河、小蒋河、小清河、涡河故道、小白河、大堰沟、汤庄沟、清水河、运粮河、上惠贾渠、下惠贾渠、姜清沟。选取 Tabular View 选项,对各河道赋予相关的属性值,如图 4-8 所示。

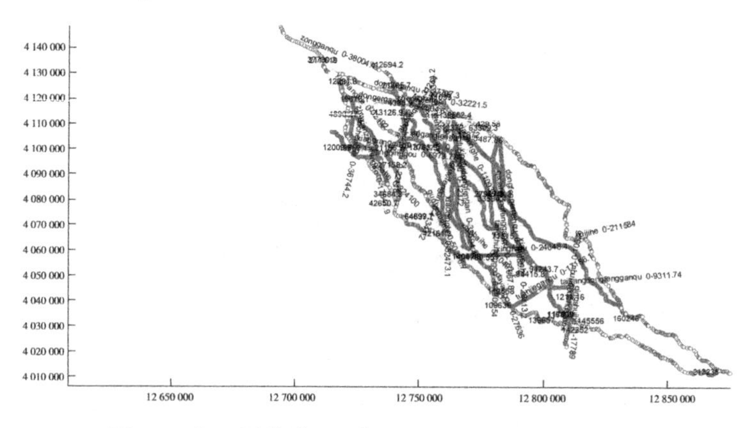

图 4-7　赵口引黄灌区二期工程河网概化文件(. nwk11)

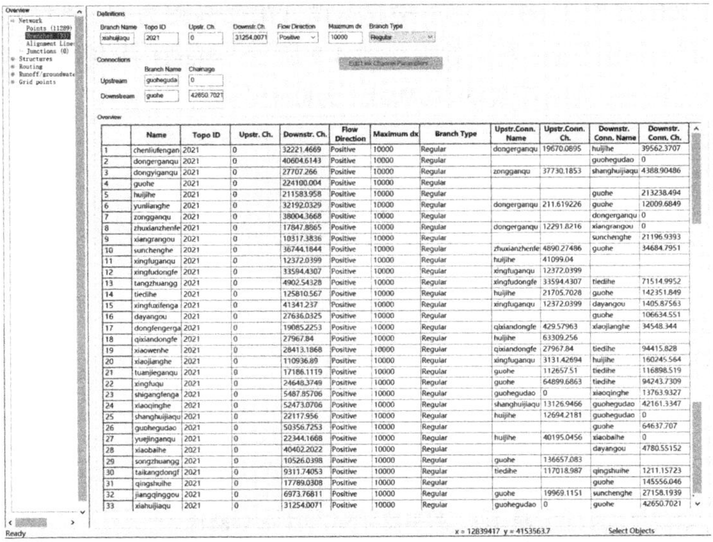

	Name	Topo ID	Upstr. Ch.	Downstr. Ch.	Flow Direction	Maximum dx	Branch Type	Upstr.Conn. Name	Upstr.Conn. Ch.	Downstr. Conn. Name	Downstr. Conn. Ch.
1	chenliufengan	2021	0	32221.4669	Positive	10000	Regular	dongerganqu	19670.0895	huijihe	39562.3707
2	dongerganqu	2021	0	40604.6143	Positive	10000	Regular			guohegudao	0
3	dongyiganqu	2021	0	27707.266	Positive	10000	Regular	zongganqu	37730.1853	shanghuijiaqu	4388.90486
4	guohe	2021	0	224100.004	Positive	10000	Regular				
5	huijihe	2021	0	211583.958	Positive	10000	Regular			guohe	213238.494
6	yunlianghe	2021	0	32192.0329	Positive	10000	Regular	dongerganqu	211.619226	guohe	12009.6849
7	zongganqu	2021	0	38004.3668	Positive	10000	Regular			dongerganqu	0
8	zhuxianzhenfe	2021	0	17847.8865	Positive	10000	Regular	dongerganqu	12291.8216	xiangrangou	0
9	xiangrangou	2021	0	10317.3836	Positive	10000	Regular			sunchenghe	21196.9393
10	sunchenghe	2021	0	36744.1844	Positive	10000	Regular	zhuxianzhenfe	4890.27486	guohe	34684.7951
11	xingfuganqu	2021	0	12372.0399	Positive	10000	Regular	huijihe	41099.04		
12	xingfudongfe	2021	0	33594.4307	Positive	10000	Regular	xingfuganqu	12372.0399		
13	tangzhuangg	2021	0	4902.54328	Positive	10000	Regular	xingfudongfe	33594.4307	tiedihe	71514.9952
14	tiedihe	2021	0	125810.567	Positive	10000	Regular	huijihe	21705.7028	guohe	142351.849
15	xingfuxifenga	2021	0	41341.237	Positive	10000	Regular	xingfuganqu	12372.0399	dayangou	1405.87563
16	dayangou	2021	0	27636.0325	Positive	10000	Regular			guohe	106634.551
17	dongfengerga	2021	0	19085.2253	Positive	10000	Regular	qixiandongfe	429.57963	xiaojianghe	34548.344
18	qixiandongfe	2021	0	27967.84	Positive	10000	Regular	huijihe	63309.256		
19	xiaowenhe	2021	0	28413.1868	Positive	10000	Regular	qixiandongfe	27967.84	tiedihe	94415.828
20	xiaojianghe	2021	0	110936.89	Positive	10000	Regular	xingfuganqu	3131.42694	huijihe	160245.564
21	tuanjieganqu	2021	0	17186.1119	Positive	10000	Regular	guohe	112657.51	tiedihe	116898.519
22	xingfuqu	2021	0	24648.3749	Positive	10000	Regular	guohe	64899.6863	tiedihe	94243.7309
23	shigangfenga	2021	0	5487.85706	Positive	10000	Regular	guohegudao	0	xiaoqinghe	13763.9327
24	xiaoqinghe	2021	0	52473.0706	Positive	10000	Regular	shanghuijiaqu	13126.9466	guohegudao	42161.3347
25	shanghuijiaqu	2021	0	22117.956	Positive	10000	Regular	huijihe	12694.2181	guohegudao	0
26	guohegudao	2021	0	50356.7253	Positive	10000	Regular			guohe	64637.707
27	yuejinganqu	2021	0	22344.1668	Positive	10000	Regular	huijihe	40195.0456	xiaobaihe	0
28	xiaobaihe	2021	0	40402.2022	Positive	10000	Regular			dayangou	4780.55152
29	songzhuangg	2021	0	10526.0398	Positive	10000	Regular	guohe	136657.083		
30	taikangdongf	2021	0	9311.74053	Positive	10000	Regular	tiedihe	117018.987	qingshuihe	1211.15723
31	qingshuihe	2021	0	17789.0308	Positive	10000	Regular			guohe	145556.046
32	jiangqinggou	2021	0	6973.76811	Positive	10000	Regular	guohe	19969.1151	sunchenghe	27158.1939
33	xiahuijiaqu	2021	0	31254.0071	Positive	10000	Regular	guohegudao	0	guohe	42650.7021

图 4-8　赵口引黄灌区二期工程河沟渠的基本参数

4.3　断面文件的设置

MIKE11 断面文件包含河道断面的位置、形状参数、河床的高程数据等。模型通过 River name(断面所在河沟渠名称)、Topo ID(断面地形标识信息)、Chainage(断面与河沟渠起始点的距离)确定模型的断面位置及相关信息。每个断面包含原始数据(河床高程)和处理后数据信息(水力参数,如过水断面面积、水力半径等)。MIKE11 模型计算时可根据断面文件中的断面数据确定水位计算点,同时根据模型在水位计算点之间自动内插的里程确定流量计算点。根据引黄灌区二期工程初步设计报告数据输入河道断面,并赋予对应的属性。以总干渠 3 541.05 m 处的断面为例,总干渠在 0~8 596 m 的渠道底宽为 27 m,内边坡 1:2.5,比降为

1/4 500,渠深 3. 66 m,总干渠起点设计渠底高程为 80. 654 m,由此可计算出该处的断面数据如图 4-9 所示。Mark1 为断面左岸和起点,Mark2 为断面最低点,Mark3 为断面右岸。

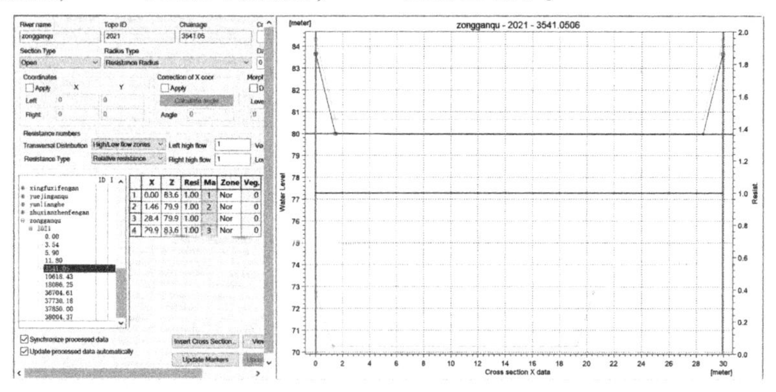

图 4-9 总干渠 3 541. 05 m 处断面

4. 4 边界文件的设置

外部边界为河道中单独的不与众河道连接的边界点,水体污染物流出边界点即为流出模拟河道范围,分为水文动力学边界和水质边界。对于水文动力学边界来说,上游边界为流量边界,输入数据形式为流量-时间序列;下游边界为水位边界,输入数据形式为水位-时间序列。具体数据来自赵口引黄灌区二期工程河沟渠的实测流量、水位和设计流量水位。引黄水质边界输入数据形式为水质数据(质量浓度)-时间序列。选择评估的水质组分包含总氮(TN)、氨氮(NH_4^+-N)、硝氮(NO_3^--N)和总磷(TP),数据来自实测数据。模拟的 33 条河沟渠共包含 7 个边界,其中 5 个上游边界、2 个下游边界。水质边界和水位边界需一一对应。如图 4-10 所示为输入的边界文件。

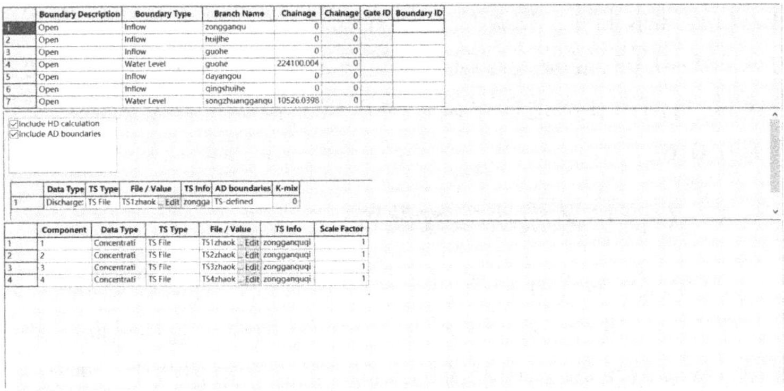

	Boundary Description	Boundary Type	Branch Name	Chainage	Chainage	Gate ID	Boundary ID
1	Open	Inflow	zongganqu	0	0		
2	Open	Inflow	huijihe	0	0		
3	Open	Inflow	guohe	0	0		
4	Open	Water Level	guohe	224100.004	0		
5	Open	Inflow	dayangou	0	0		
6	Open	Inflow	qingshuihe	0	0		
7	Open	Water Level	songzhuangganqu	10526.0398	0		

☑Include HD calculation
☑Include AD boundaries

	Data Type	TS Type	File / Value	TS Info	AD boundaries	K-mix
1	Discharge:	TS File	TS1zhaok ... Edit	zongga	TS-defined	0

	Component	Data Type	TS Type	File / Value	TS Info	Scale Factor
1	1	Concentrati	TS File	TS1zhaok ... Edit	zongganquqi	1
2	2	Concentrati	TS File	TS2zhaok ... Edit	zongganquqi	1
3	3	Concentrati	TS File	TS3zhaok ... Edit	zongganquqi	1
4	4	Concentrati	TS File	TS4zhaok ... Edit	zongganquqi	1

图 4-10　边界文件

4.5　参数文件的设置

4.5.1　初始条件的设置

初始条件的设置是为了让模型平稳启动,原则上初始水位、流量、水质的设定应尽可能与模拟开始时刻实际河网水动力、水质条件一致。模型模拟中对于有实测数据的河沟渠使用实测数据,没有实测数据的使用初设报告中的设计数据。水质初始条件来自实测数据。

4.5.2　水动力学模块参数设置

水动力学模块的主要参数为糙率 n,为衡量河床边壁粗糙程度的参数,其取值直接影响水动力模型的计算精确度。河道糙率的影响因素众多,如水体内固体物质的类型、石粒尺寸、固体物质类型、河道截面形状、植被生长状况、水位高低、水工构筑物和河道走向等。对于渠道来说,影响因素包括渠道的设计及修建方法、混凝土衬砌的施工质量、水流动状态及水力半径大小、沙土影响、渠道运行管理水平等。根据已有研究成果,河网糙率常用取值范围为0.025~0.03,混凝土衬砌渠道糙率为0.011~0.019。模型初步搭建时,将河道和沟道糙率设置为0.025,混凝土衬砌渠道糙率设置为0.016。

4.5.3 对流扩散模块参数设置

AD模块可对保守物质和非保守物质进行对流扩散模拟,可对非保守物质进行一级衰减模拟。对流扩散模块包括纵向扩散系数和一级衰减系数,国内河流的纵向扩散系数取值范围一般为5~20 m^3/s,如表4-3所示。模型初步搭建时,设置水质组分(NH_4^+-N、NO_3^--N、TN和TP)的纵向扩散系数均为10 m^3/s,衰减系数均为0.002 h^{-1}。

表4-3 国内部分河流纵向扩散系数的取值

序号	范围	纵向扩散系数/(m^3/s)
1	太湖流域	8
2	梁滩河流域	10
3	东苕溪	2.5
4	赣江万安段	15
5	晋江流域	小溪:1~5;河流:5~20
6	沙颍河	0.5
7	江苏省沂沭泗水系	1~10
8	南水北调中线京石段	15~20
9	浑河流域沈阳段	5、10
10	一般河流及水库	5~8
11	双台子河口	10~450

4.6　模拟文件的生成

将以上所生成的所有文件信息输入模拟文件。模拟文件中时间步长的确定需经反复试算,其与河床地形及边界条件密切相关,对于如山区河流等初始条件不易合理设定的情形,缩小时间步长是一个行之有效的方法。对于模拟时段内短时间有大量流量进出而其他时期比较平稳的情形,选择可变时间步长比较合适,可大大缩短计算耗时。同时原则上需满足克朗数(Courant Number)小于10。经试算,本次模拟时间步长设置为 0.6 s,如图 4-11 所示。

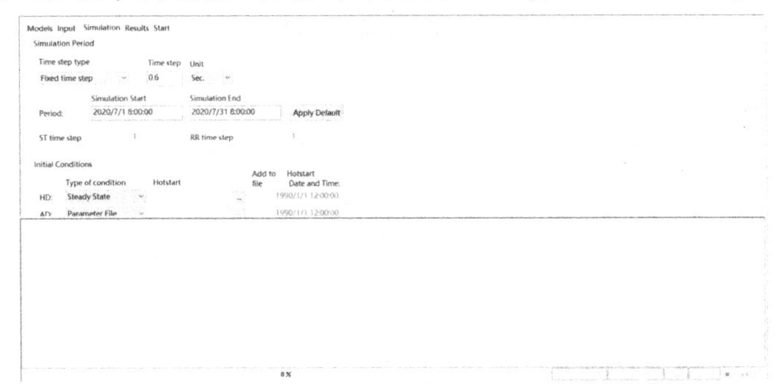

图 4-11　模拟文件

4.7　参数的率定及误差分析

为使得模型能够更好地反映赵口引黄灌区内水系的水流和水质变化实际情况,需对水动力学模块(HD)参数糙率和对流扩散模块(AD)参数纵向扩散系数和衰减系数进行率定。将模拟值和实测值进行比较,采用模拟值和实测值的效率系数(Nash-Sutcliffe efficiency coefficient)NSE 与决定系数(相关系数)R^2 评价模型在本灌区的适用性。

决定系数 R^2：

$$R^2 = \frac{\left[\sum_{i=1}^{n}(x_i - \bar{x})(y_i - \bar{y})\right]^2}{\sum_{i=1}^{n}(x_i - \bar{x})^2 \sum_{i=1}^{n}(y_i - \bar{y})^2}$$

式中：x_i 为第 i 个实测值；$\bar{x}$ 为所有实测值的平均值；y_i 为第 i 个模拟值；$\bar{y}$ 为所有模拟值的平均值；n 为实测的个数。

R^2 侧重于表示模拟值与实际值的线性关系，R^2 越靠近 0，表示拟合效果越差；当 $R^2=1$ 时，说明模拟的模型结果和实际观测值相同；R^2 越靠近 1，表示两者线性关系越强，拟合结果越满意。

Nash-Sutcliffe efficiency 系数(NSE)：

$$\mathrm{NSE} = 1 - \frac{\sum_{i=1}^{n}(W_0 - W_p)^2}{\sum_{i=1}^{n}(W_0 - \overline{W_0})^2}$$

式中：NSE 为 Nash-Sutcliffe 系数；W_p 为模拟值；W_0 为实测值；n 为实测值的个数；$\overline{W_0}$ 为实测值的平均值。

NSE 效率系数侧重说明模拟值与实际值的接近程度，值越接近 1，表示两者的接近度越高。当 NSE=1 时，表示模拟值和实测值相同。当 NSE<0 时，表示模型模拟结果比平均观测值还小，不能应用于研究区。基于大量学者研究结果显示：若 NSE≤0.5 时，说明模型模拟结果不乐观，需加强校准；若 NSE≥0.75 时，说明模型模拟结果非常好；当 NSE 为 0.5~0.75 时，说明模型模拟结果较好，模型基本可以继续应用研究。R^2 越靠近 1，表示模型越准确。当满足 NSE≥0.5 且 $R^2 \geq 0.7$ 时，表明参数率定结果较为合理。

4.7.1 水动力学模块参数的率定及误差分析

对涡河和惠济河的河道糙率分段进行率定，具体糙率赋值如

表 4-4 所示。图 4-12 和图 4-13 分别给出了率定期 5 月 1~31 日涡河下游魏湾闸(56 930. 46 m)附近和惠济河下游李岗闸(65 775. 86 m)附近断面流量实测值与模拟值对比。

表 4-4　涡河、惠济河糙率设定

河沟渠	河段	糙率
涡河	起点—裴庄闸	0. 023
	裴庄闸—吴庄闸	0. 023~0. 024
	吴庄闸—魏庄闸	0. 024
	魏庄闸—玄武闸	0. 024~0. 025
	玄武闸—终点	0. 025
惠济河	起点—罗寨闸	0. 027
	罗寨闸—李岗闸	0. 027~0. 029
	李岗闸—终点	0. 029~0. 030
16 条干渠、分干渠		0. 016
除涡河、惠济河外其他 15 条河沟道		0. 025

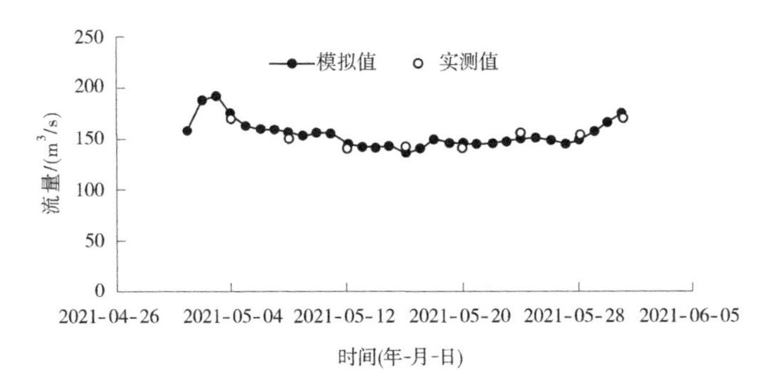

图 4-12　涡河下游魏湾闸附近断面流量实测值与模拟值对比

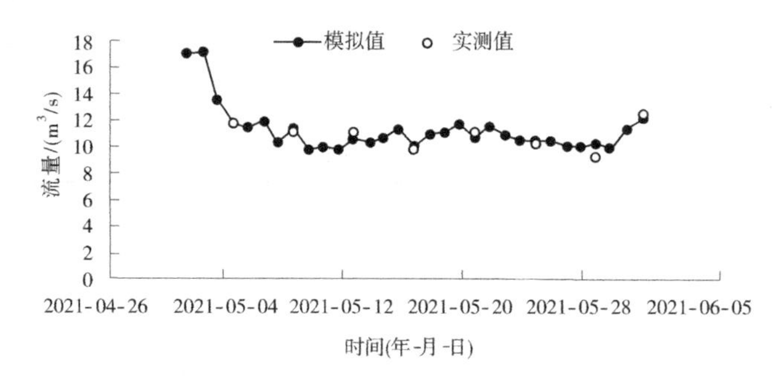

图 4-13 惠济河下游李岗闸附近断面流量实测值与模拟值对比

涡河和惠济河糙率参数的率定误差如表 4-5 所示,满足 NSE≥0.5 且 R^2≥0.7 的基本要求,表明率定得出的糙率可较好地模拟实际水动力学过程。

表 4-5 糙率参数率定误差

河沟渠	决定系数 R^2	效率系数 NSE
涡河	0.865 5	0.808 5
惠济河	0.819 4	0.792 1

4.7.2 对流扩散模块参数的率定及误差分析

对涡河和惠济河的纵向扩散系数和一级衰减系数进行率定。涡河纵向扩散系数率定为 9 m^2/s,NH_4^+-N 衰减系数率定为 0.002 9 h^{-1},NO_3^--N 衰减系数率定为 0.000 6 h^{-1},TN 衰减系数率定为 0.004 1 h^{-1},TP 衰减系数率定为 0.001 3 h^{-1}。图 4-14、图 4-15、图 4-16 和图 4-17 给出了率定期 5 月 1~31 日涡河下游魏湾闸(56 930.46 m)附近断面 TN、NH_4^+-N、NO_3^--N 和 TP 的实际值与模拟值的对比。

惠济河纵向扩散系数率定为 8 m^2/s,NH_4^+-N 衰减系数率定为

0.002 5 h^{-1}，NO_3^--N 衰减系数率定为 0.000 5 h^{-1}，TN 衰减系数率定为 0.003 8 h^{-1}，TP 衰减系数率定为 0.000 83 h^{-1}。图 4-18~图 4-21 给出了率定期 5 月 1~31 日惠济河下游李岗闸(65 775.86 m)附近断面 TN、NH_4^+-N、NO_3^--N 和 TP 的实测值与模拟值的对比。

其余河沟渠的扩散系数率定为 8.5 m^2/s，NH_4^+-N 衰减系数率定为 0.002 7 h^{-1}，NO_3^--N 衰减系数率定为 0.000 55 h^{-1}，TN 衰减系数率定为 0.003 95 h^{-1}，TP 衰减系数率定为 0.001 1 h^{-1}。

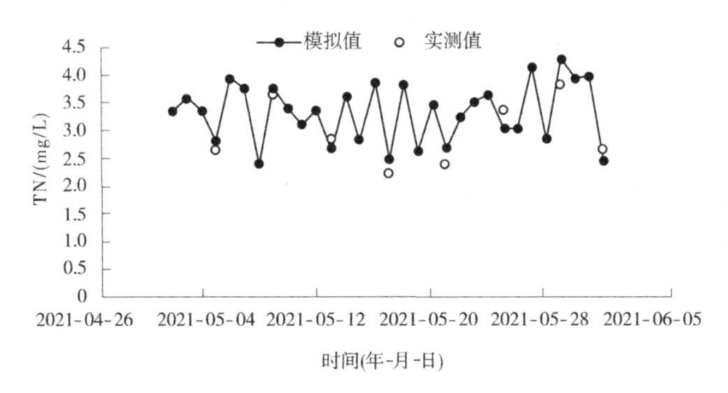

图 4-14　涡河下游魏湾闸附近断面 TN 实测值与模拟值对比

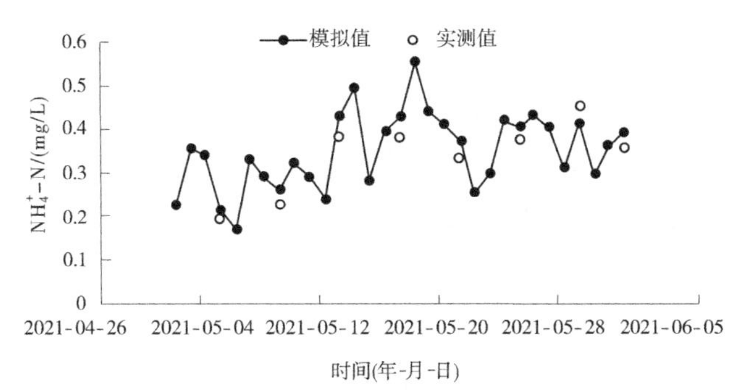

图 4-15　涡河下游魏湾闸附近断面 NH_4^+-N 实测值与模拟值对比

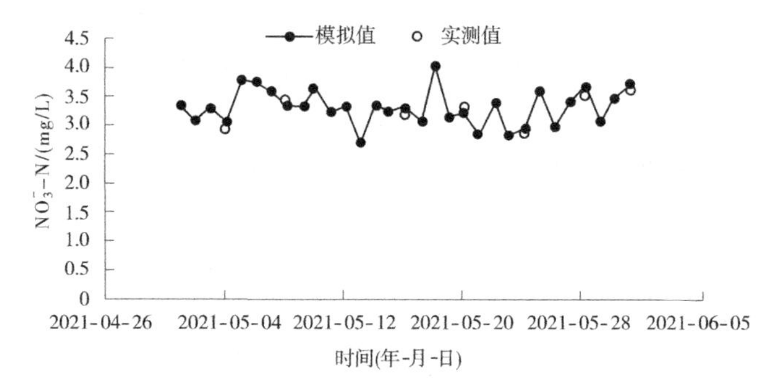

图 4-16　涡河下游魏湾闸附近断面 NO_3^--N 实测值与模拟值对比

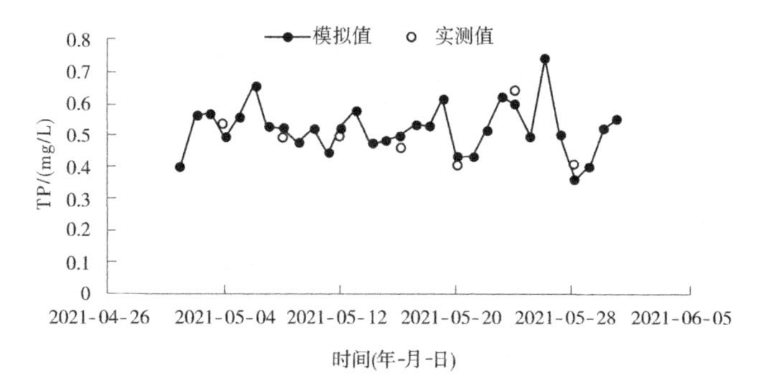

图 4-17　涡河下游魏湾闸附近断面 TP 实测值与模拟值对比

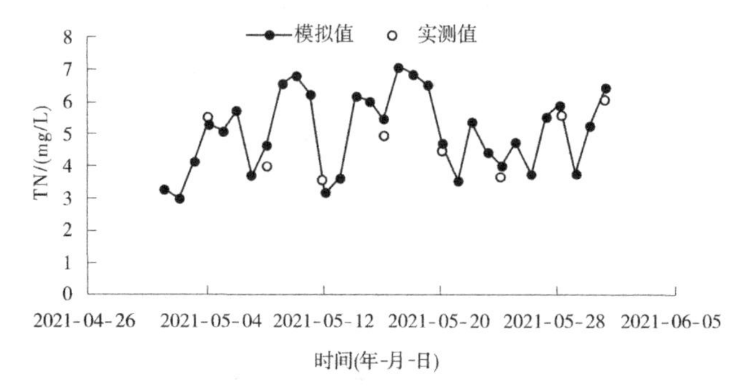

图 4-18　惠济河下游李岗闸附近断面 TN 实测值与模拟值对比

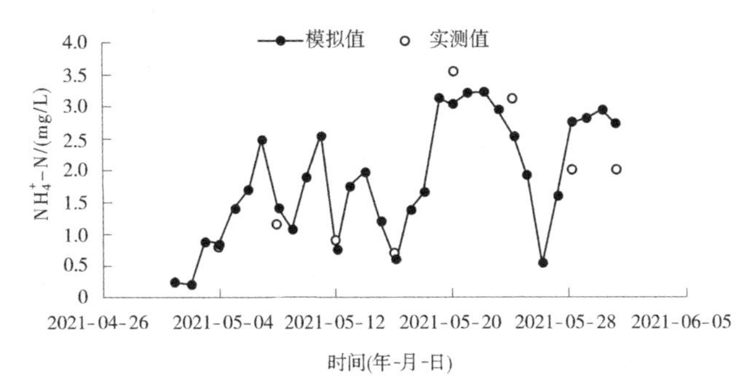

图 4-19 惠济河下游李岗闸附近断面 NH_4^+-N 实测值与模拟值对比

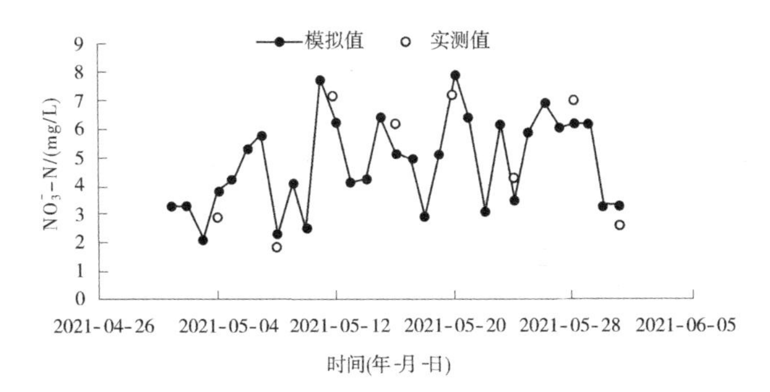

图 4-20 惠济河下游李岗闸附近断面 NO_3^--N 实测值与模拟值对比

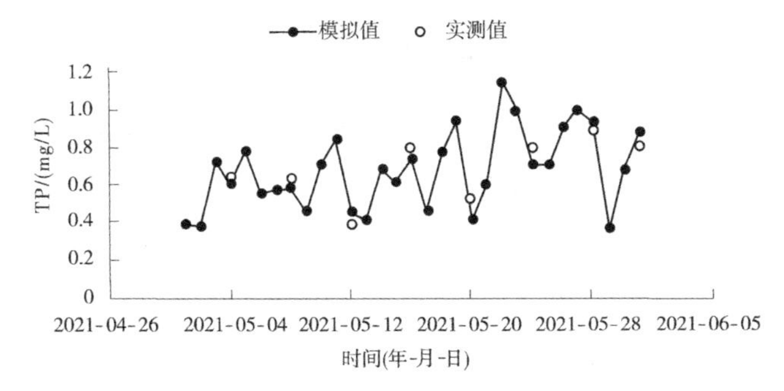

图 4-21 惠济河下游李岗闸附近断面 TP 实测值与模拟值对比

涡河和惠济河糙率参数的率定误差如表 4-6 所示，满足 NSE≥0.5 且 R^2≥0.7 的基本要求，表明率定得出的纵向扩散系数和衰减系数可较好地模拟实际水动力学过程。

表 4-6　纵向扩散系数和衰减系数率定误差

指标	河道	决定系数 R^2	效率系数 NSE
TN	涡河	0.834 5	0.787 2
	惠济河	0.885 9	0.760 6
NH_4^+-N	涡河	0.893 8	0.802 6
	惠济河	0.798 8	0.794 6
NO_3^--N	涡河	0.848 0	0.794 6
	惠济河	0.869 6	0.858 6
TP	涡河	0.795 5	0.794 9
	惠济河	0.848 2	0.801 3

参考文献

[1] 何超兵. 不同数学模型在地表水环境影响评价中的应用研究[J]. 环境科学与管理, 2009,34(1):60-64.

[2] 姜雪,卢文喜,张蕾,等. 基于 WASP 模型的东辽河水质模拟研究[J]. 中国农村水利水电,2011(12):26-30.

[3] 孙豪文. 基于 WASP 模型的湘江中下游水质模拟研究[D]. 长沙:长沙理工大学,2013.

[4] 刘夏明,李俊清,豆小敏,等. EFDC 模型在河口水环境模拟中的应用及进展[J]. 环境科学与技术,2011,34(S1):136-140,360.

[5] 郭素铭. EFDC 模型在水动力环境影响评价中的应用[J]. 海峡科学,

2010(6):37-42.

[6] 张月霞,谢骏. IWIND-LR 模型在抚仙湖水位模拟中的应用[J]. 环境科学导刊,2018,37(3):46-51.

[7] 陈月,席北斗,何连生,等. QUAL2K 模型在西苕溪干流梅溪段水质模拟中的应用[J]. 环境工程学报,2008(7):1000-1003.

[8] 黄学平,万金保,柯颖. QUAL 2K 模型在乐安河流域水质模拟中的应用[J]. 江西师范大学学报(自然科学版),2013,37(2):216-220.

[9] 黄琳煜,聂秋月,周全,等. 基于 MIKE11 的白莲泾区域水量水质模型研究[J]. 水电能源科学,2011,29(8):21-24.

[10] 马强,陈福容,王颖. 基于 MIKE11 Ecolab 模型的梁滩河流域水污染问题探讨[J]. 水电能源科学,2011,29(11):33-36,72.

[11] 朱茂森. 基于 MIKE11 的辽河流域一维水质模型[J]. 水资源保护,2013,29(3):6-9.

[12] 李梓嘉,董增川,樊孔明,等. MIKE11 模型在泗洪县城城区河网引水冲污工程中的应用[J]. 水电能源科学,2012,30(8):100-103.

[13] 高强. 河湖水系连通与优化调度补水的效果[J]. 净水技术,2016,35(4):52-57,87.

[14] 熊鸿斌,张斯思,匡武,等. 基于 MIKE11 模型入河水污染源处理措施的控制效能分析[J]. 环境科学学报,2017,37(4):1573-1581.

[15] 钱海平,张海平,于敏,等. 平原感潮河网水环境模型研究[J]. 中国给水排水,2013,29(3):61-65.

[16] 管仪庆,陈玥,张丹蓉,等. 平原河网地区水环境模拟及污染负荷计算[J]. 水资源保护,2016,32(2):111-118.

[17] 陈雪冬,邱勇,孔鲁志,等. MIKE11 软件在老窝河河道整治工程中的应用[J]. 水利科技与经济,2014,20(9):156-158.

[18] 黄正荣,严鸿,许时发. MIKE11 软件在杭州市区河道配水管理中的应用[J]. 广西水利水电,2018(2):23-24,38.

第 5 章　水系连通对区域水质的短期与长期影响

赵口引黄灌区二期工程范围内现状河沟道连通性差，未形成有效的输配水网络。灌区地处黄泛平原，西北高、东南低，高程为 40.0~80.0 m(1956 年黄海高程系)，地面坡降为 1/800~1/3 000。灌区内大地形较为平坦，但由于历史上黄河多次决口泛滥，各地段受河流切割及泥沙沉积的影响，微地形起伏较大，具有明显的岗、坡、平、洼相间地貌。16 条骨干渠道的具体建设性质如表 5-1 所示。总干渠、东二干渠、朱仙镇分干、石岗分干、幸福干渠、幸福西分干渠、幸福东分干渠、跃进干渠、杞县东风干渠、东风二干渠、太康幸福干渠、团结干渠、太康东风干渠、宋庄干渠均保留原有路线，进行初衬改建，东一干渠和陈留分干在原有的基础上进行了改建和延伸。东一干渠进行了线路更改，绕过开封新奥燃气安墩寺储配站，途经袁付庄、百亩岗、杨岗，在前杨岗村退水入上惠贾渠。陈留分干在现状渠线基础上向东先开渠线 4. 28 km 至惠济河。预计工程完工后，会大大减小灌区输水损失，提高水利用系数，提升豫东平原的渠道和河沟水系连通性，实现“引黄入贾入涡入惠”补源，提升区域水资源配置能力。

涡河和惠济河为赵口引黄灌区二期工程的水源工程，同样是其受纳水体，因此本次利用搭建的 MIKE11 模型分析了赵口引黄灌区二期工程新增加了总干渠—运粮河—涡河和东二干渠—陈留分干—惠济河输水通道后，涡河四个监测断面和惠济河两个监测断面水质的短期变化和长期变化，以分析水系连通工程对于区域水生态环境的短期和长期影响。

表 5-1　赵口引黄灌区二期模拟河沟渠道的改建性质

序号	名称	模型中代称	建设性质
1	总干渠	zongganqu	利用现状
			初衬改建
2	东一干渠	dongyiganqu	改建+新建
3	东二干渠	dongerganqu	初衬改建
4	惠济河	huijihe	利用现状
5	涡河	guohe	—
6	陈留分干	chenliufengan	改建+新建
7	运粮河	Yunlianghe	利用现状
8	朱仙镇分干	zhuxianzhenfengan	初衬改建
9	香冉沟	xiangrangou	利用现状
10	孙城河	sunchenghe	利用现状
11	上惠贾渠	shanghuijiaqu	利用现状
12	小清河	xiaoqinghe	利用现状
13	石岗分干	shigangfengan	初衬改建
14	涡河故道	guohegudao	利用现状
15	幸福干渠	xingfuganqu	衬砌改造
16	幸福西干渠	xingfuxiganqu	衬砌改造
17	幸福东干渠	xingfudongganqu	衬砌改造
18	大堰沟	dayangou	利用现状
19	汤庄沟	tangzhuanggou	治理
20	铁底河	tiedihe	利用现状
21	小白河	xiaobaihe	治理
22	跃进干渠	yuejinganqu	衬砌改造

续表 5-1

序号	名称	模型中代称	建设性质
23	东风干渠	dongfengganqu	衬砌改造
24	东风二干渠	dongfengerganqu	衬砌改造
25	小蒋河	xiaojianghe	—
26	小温河	xiaowenhe	—
27	幸福渠	xingfuqu	衬砌改造
28	团结干渠	tuanjieganqu	衬砌改造
29	清水河	qingshuihe	利用现状
30	太康东风干渠	taikangdongfengganqu	衬砌改造
31	宋庄干渠	songzhuangganqu	衬砌改造
32	下惠贾渠	xiahuijiaqu	利用现状
33	姜清沟	jiangqinggou	利用现状

5.1 水系连通的短期影响

赵口引黄灌区二期净耕地面积为 220.5 万亩,第一产业主要以农业生产为主,农作物主要以小麦、玉米、棉花、西瓜及花生为主,其次有部分林果业等经济作物,农业种植区周边还种植有防风固沙林。灌区所在流域暴雨年内分配非常集中,汛期(6~9 月)雨量占全年降雨量的 75%~85%,全年降水量的多少常取决于一场或几场暴雨。暴雨主要发生在 7 月、8 月,尤其是 7 月下旬至 8 月上旬最多。流域内降雨年际变化大,暴雨强度大。二期工程主要从赵口引黄闸引黄河水,经现有总干渠输水向各区域供水,并配合拦河闸和地表水、地下水进行农业灌溉。灌溉方式采用常规地面灌溉(沟灌和畦灌)和田间高效节水灌溉(喷灌、滴灌和低压管灌)

相结合。

5 月为赵口灌区引黄灌溉期,使用 MIKE11 模型模拟评估 5 月一个月内赵口二期水系连通前后涡河和惠济河水质组分(TN、TP、NH_4^+-N、NO_3^--N)的短期变化情况。涡河共分析裴庄闸、吴庄闸、魏湾闸和玄武闸四个断面,惠济河共分析罗寨闸和李岗闸两个断面。如图 5-1～图 5-6 所示,在水系连通之后六个断面的 TN、TP、NH_4^+-N 和 NO_3^--N 浓度整体上均低于连通之前,表明在一个月内,水系连通性的增加使得灌区水质得到改善。

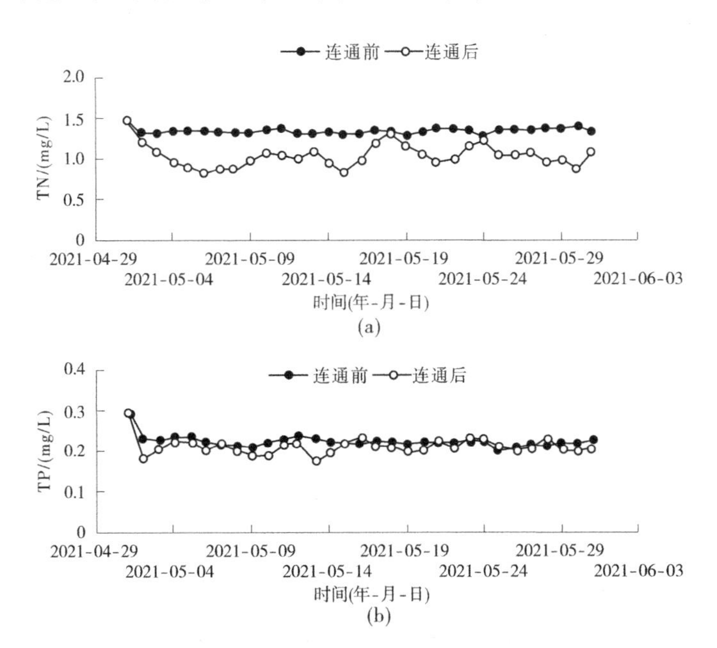

图 5-1　水系连通前后涡河裴庄闸断面一月内水质变化情况

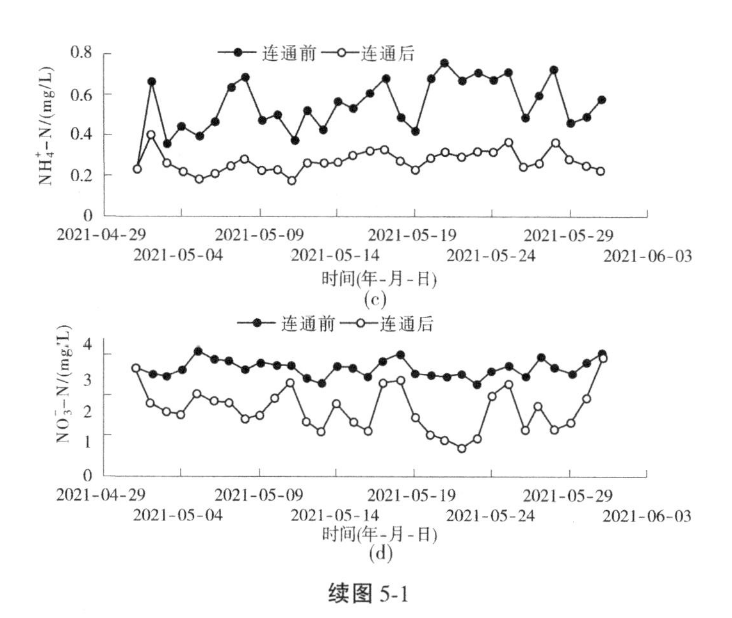

续图 5-1

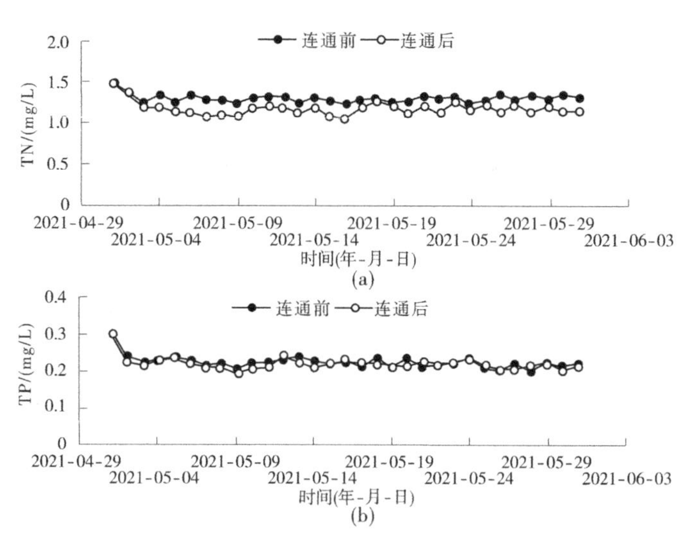

图 5-2　水系连通前后涡河吴庄闸断面一月内水质变化情况

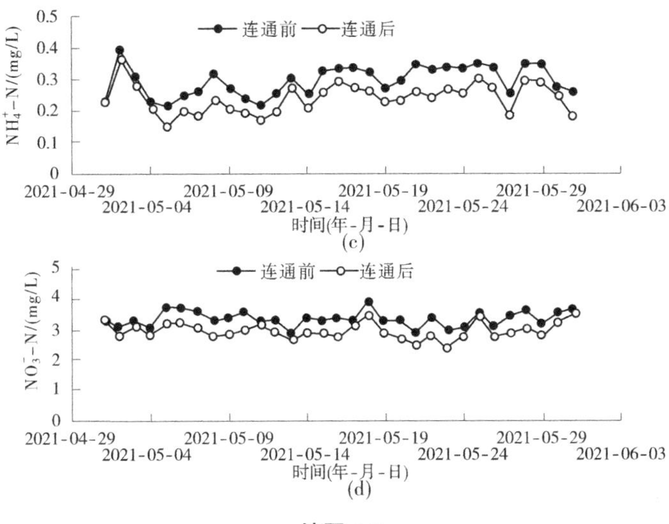

续图 5-2

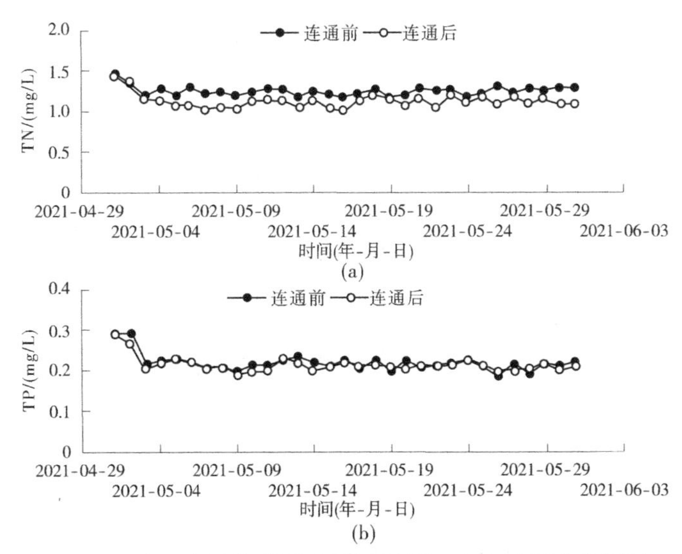

图 5-3 水系连通前后涡河魏湾闸断面一月内水质变化情况

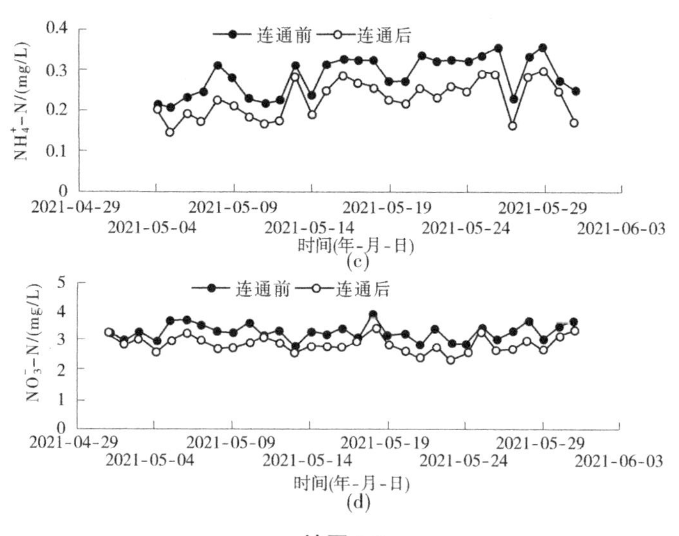

续图 5-3

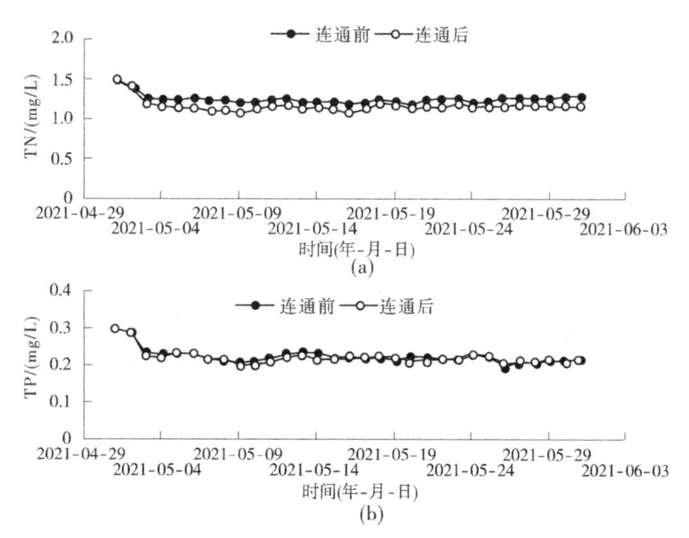

图 5-4 水系连通前后涡河玄武闸断面一月内水质变化情况

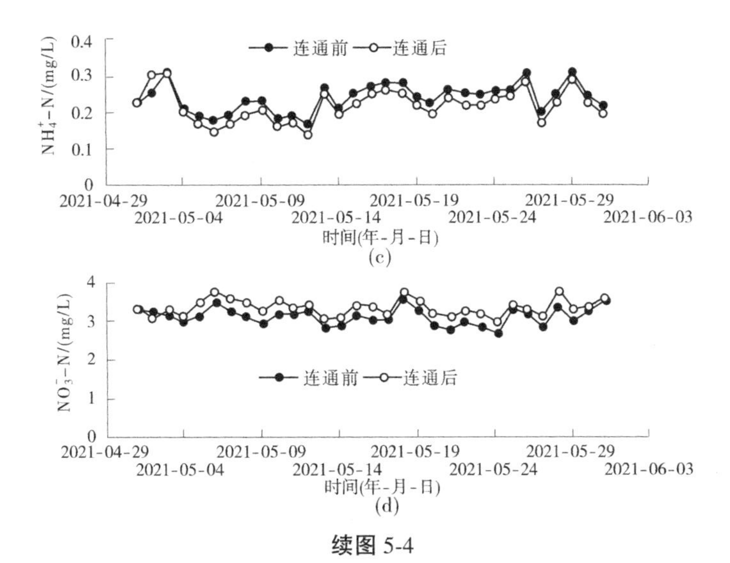

续图 5-4

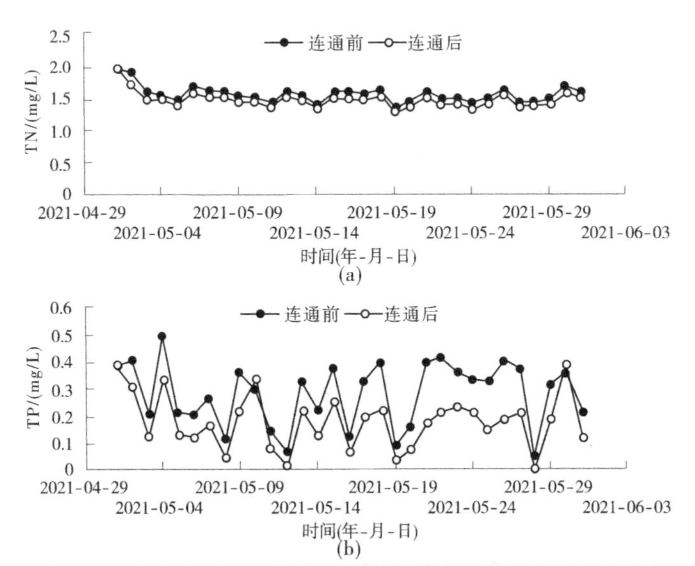

图 5-5　水系连通前后惠济河罗寨闸断面一月内水质变化情况

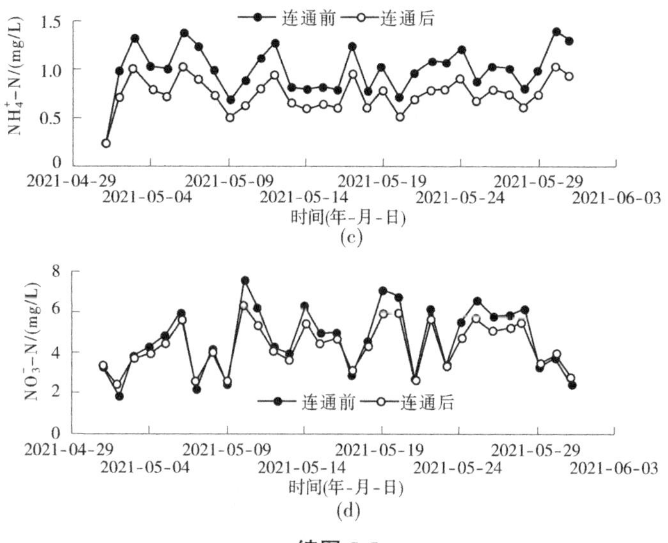

续图 5-5

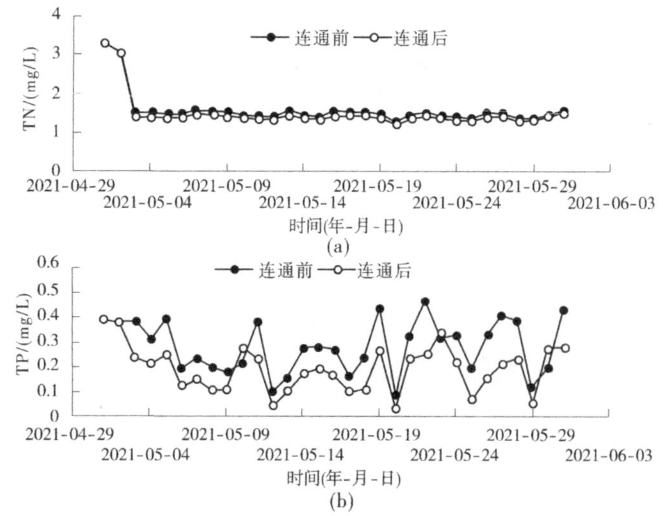

图 5-6　水系连通前后惠济河李岗闸断面一月内水质变化情况

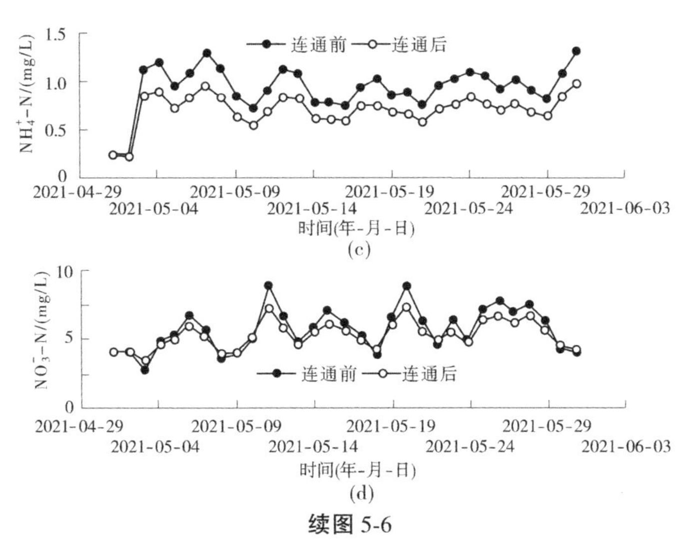

续图 5-6

通过 MIKE11 模型模拟整个 2021 年 5 月赵口引黄灌区二期工程范围内总氮(TN)、氨氮(NH_4^+-N)、硝氮(NO_3^--N)和总磷(TP)的浓度变化情况。图 5-7~图 5-10 展示了 5 月 2 日、15 日和 31 日工程完工前后，即水系连通前后，灌区内四种水质指标的浓度分布情况。每种灰度代表一个浓度范围，如图 5-7 中，第二深灰度代表 TN 的浓度为 2.26~2.64 mg/L。因此流域内整体的浓度分布图只能描绘出水质指标的显著变化情况。

对于 TN 的浓度分布，可看出工程完工后，运粮河和涡河水质改善最明显(见图 5-7)。如图 5-8 所示，工程完工后，TP 在涡河和惠济河水质改善最明显。在惠济河和杞县范围内的灌区渠沟河道中，在工程完工后，浓度降低的最明显(见图 5-9)。如图 5-10 所示 NO_3^--N 的浓度分布，在惠济河下游变化最明显。

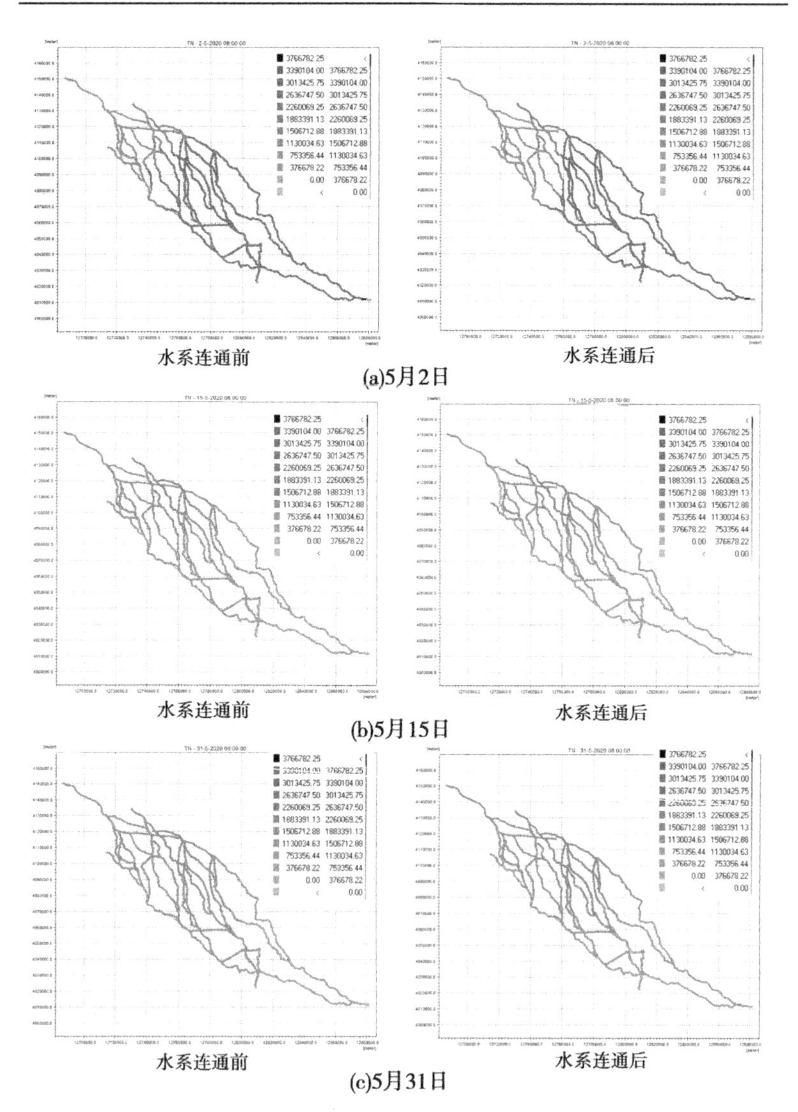

图 5-7　5 月赵口引黄灌区二期工程水系连通前后 TN 的变化情况　（单位：μg/L）

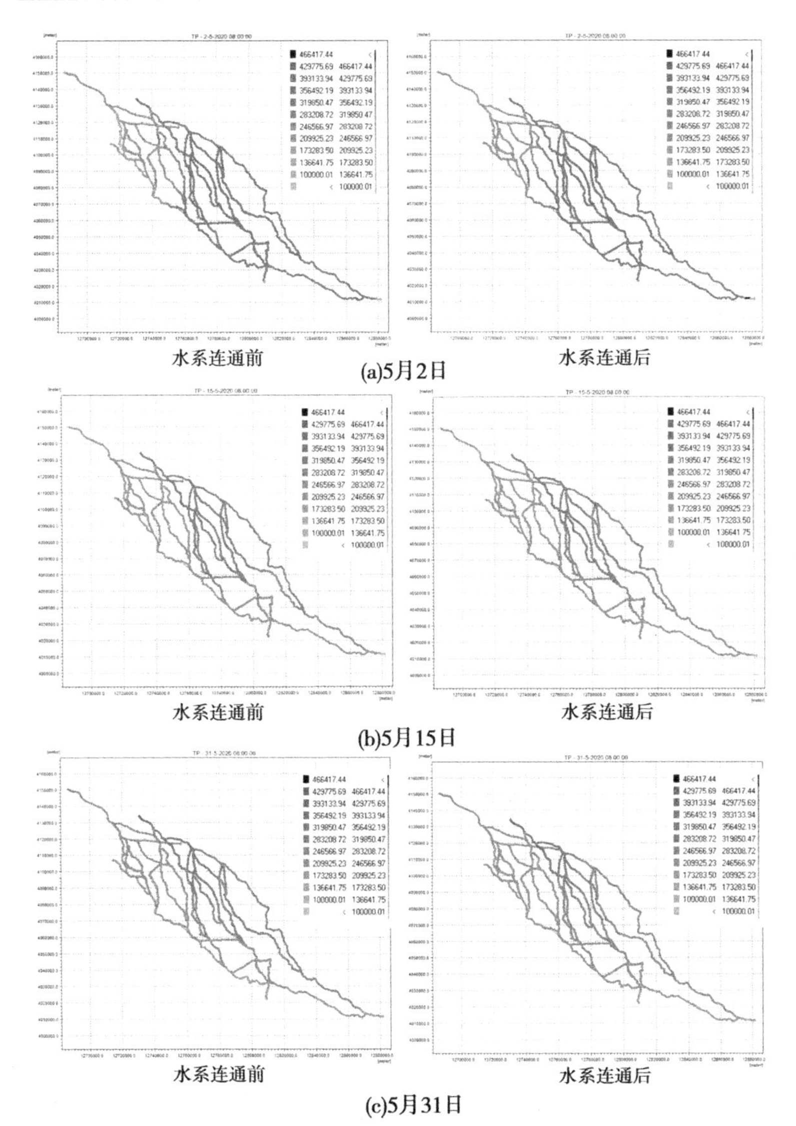

图 5-8　5 月赵口引黄灌区二期工程水系连通前后
TP 的变化情况　（单位：μg/L）

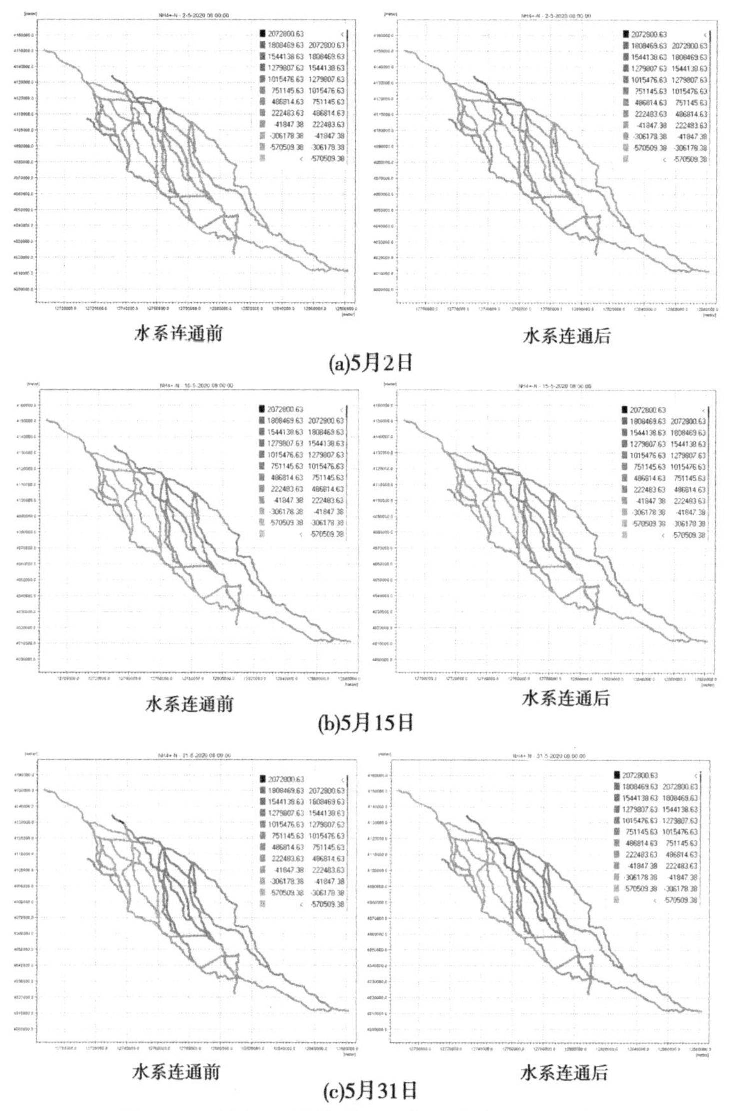

图 5-9　5 月赵口引黄灌区二期工程水系连通前后 NH_4^+-N 的变化情况　（单位：μg/L）

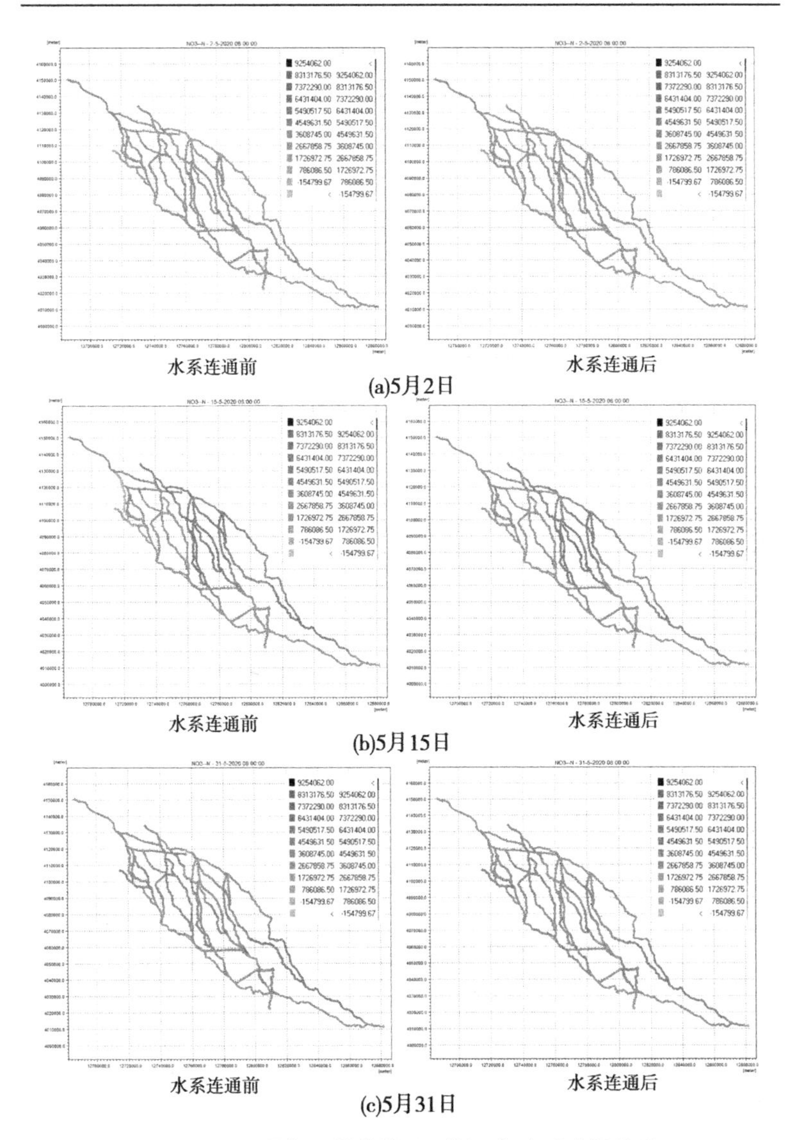

图 5-10 5 月赵口引黄灌区二期工程水系连通前后 NO_3^--N 的变化情况 （单位：μg/L）

5.2 水系连通的长期影响

使用MIKE11模型模拟了赵口引黄灌区一年内,水系连通前后涡河和惠济河水质组分(TN、TP、NH_4^+-N、NO_3^--N)的长期变化情况。3月、4月、5月、7月和11月为引黄灌溉期。涡河共分析裴庄闸、吴庄闸、魏湾闸和玄武闸四个断面,惠济河共分析罗寨闸和李岗闸两个断面。如图5-11~图5-16所示,在水系连通之后六个断面的TN、TP、NH_4^+-N和NO_3^--N浓度整体上均低于连通之前,表明在较长的时间尺度上,水系连通性的同样增加使得灌区水质得到改善。其中,氨氮的浓度在汛期和灌溉期较高,可能由于氨氮带正电荷,易与带负电荷的土壤结合,在灌溉期大量结合土壤的氨氮被冲刷入河,导致水体中浓度较高。

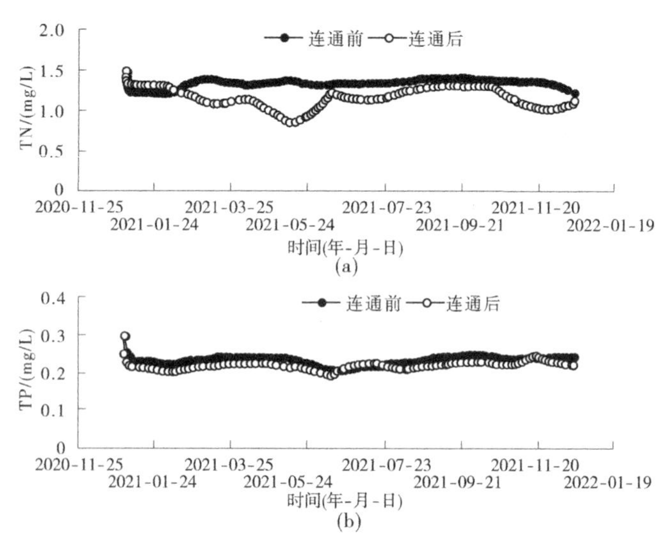

图5-11 水系连通前后涡河裴庄闸断面一年内水质变化情况

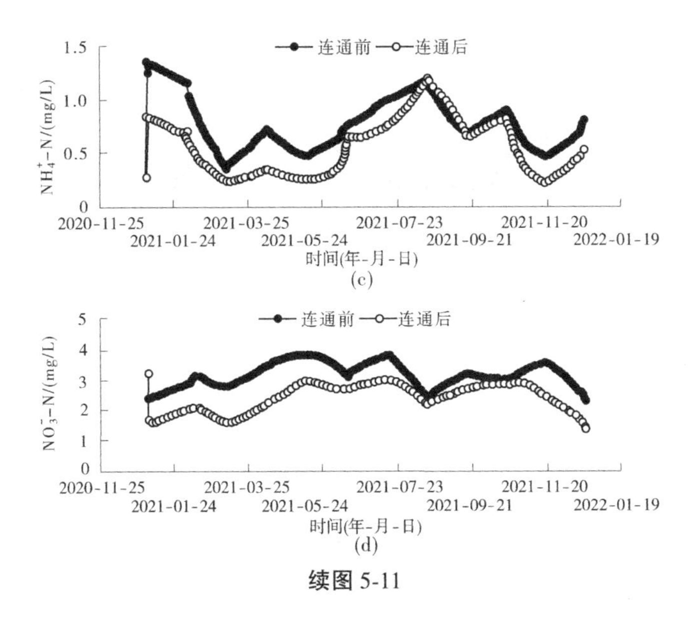

续图 5-11

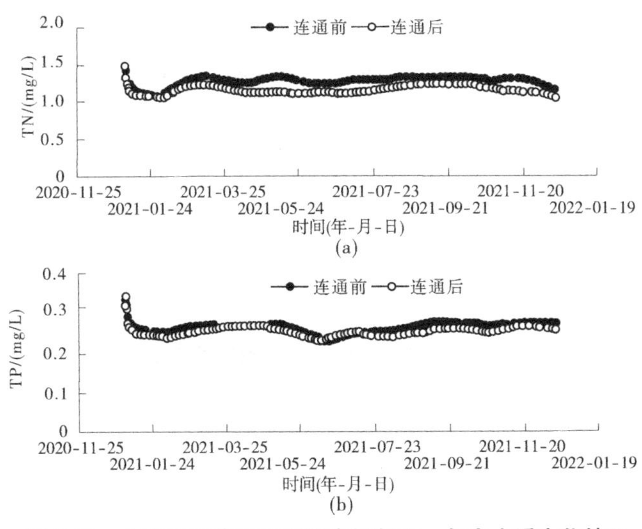

图 5-12　水系连通前后涡河吴庄闸断面一年内水质变化情况

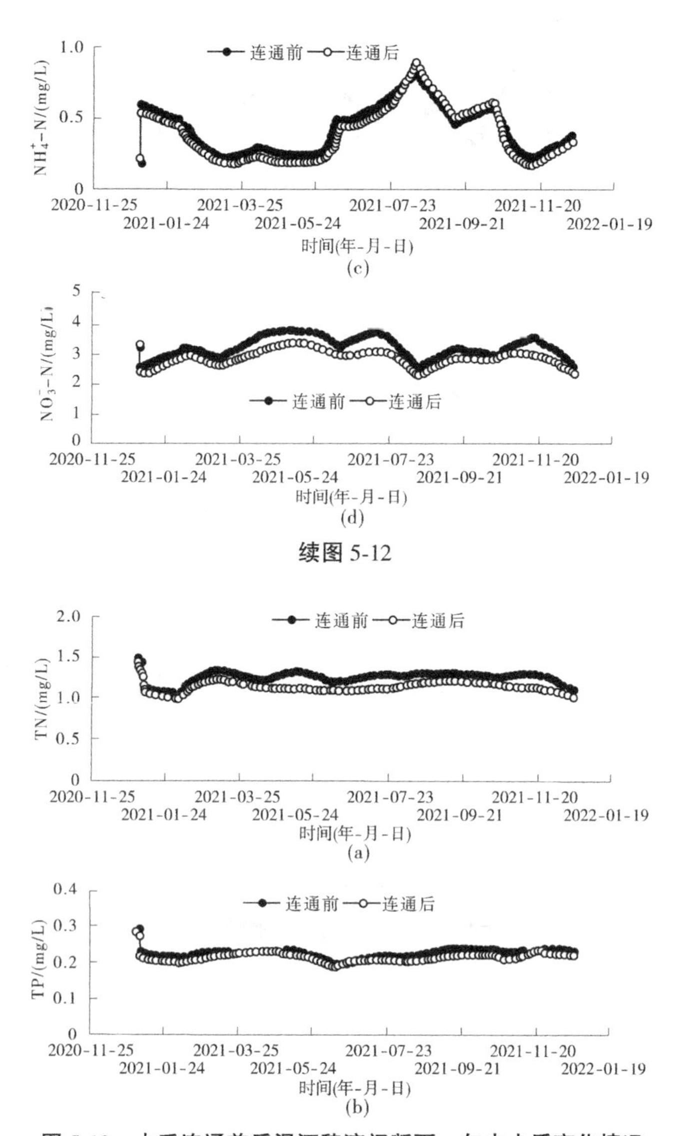

续图 5-12

图 5-13　水系连通前后涡河魏湾闸断面一年内水质变化情况

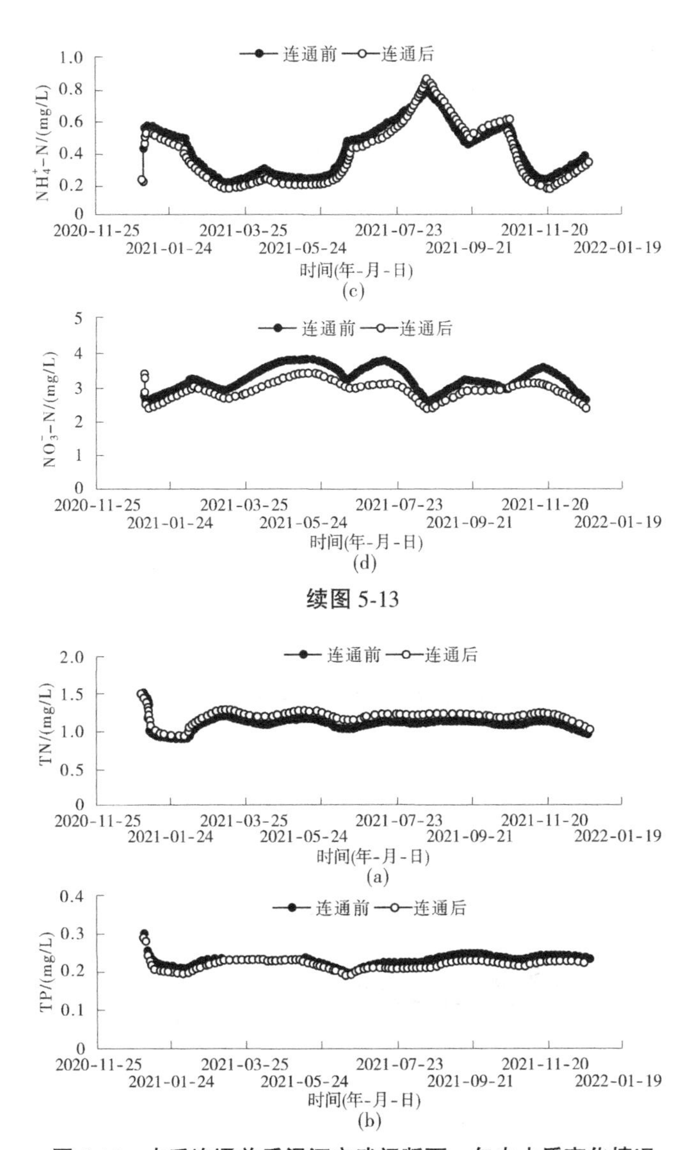

续图 5-13

图 5-14　水系连通前后涡河玄武闸断面一年内水质变化情况

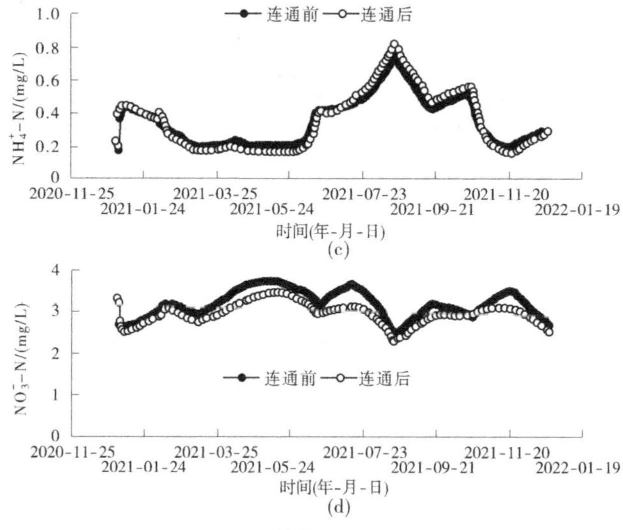

(c)

(d)

续图 5-14

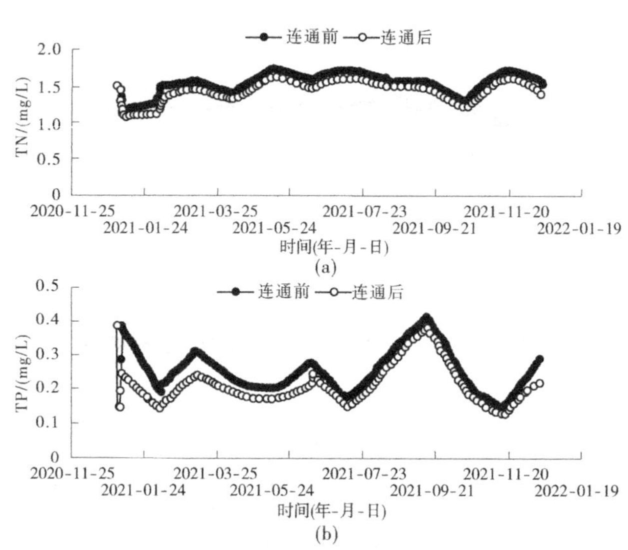

(a)

(b)

图 5-15　水系连通前后惠济河罗寨闸断面一年内水质变化情况

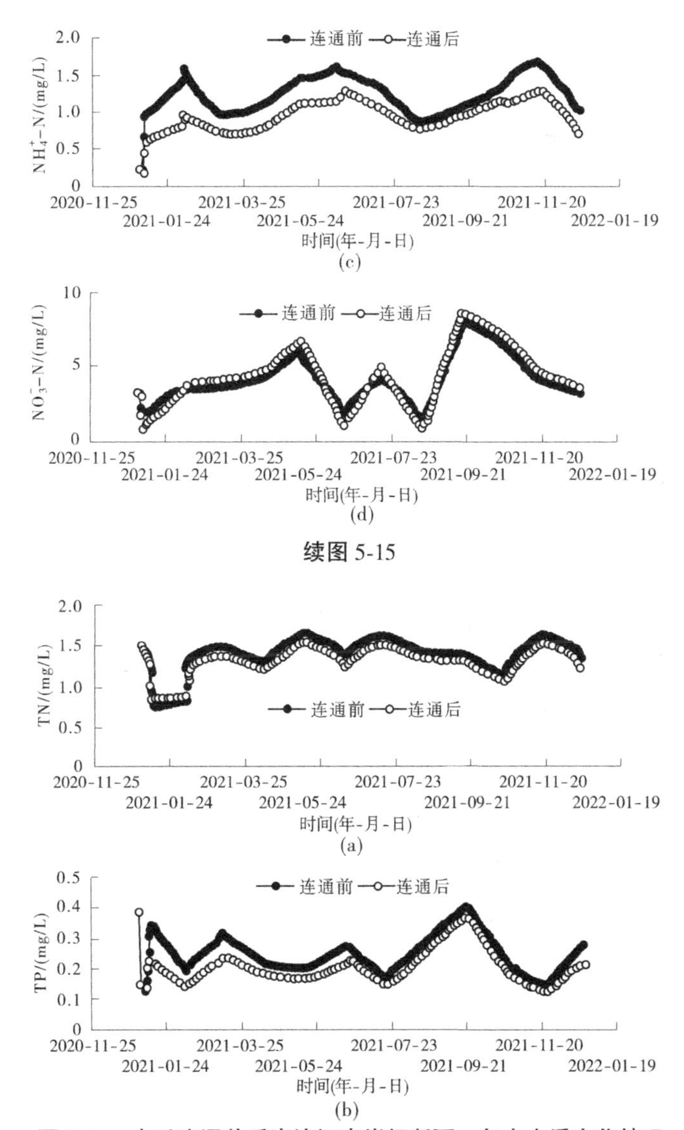

续图 5-15

图 5-16　水系连通前后惠济河李岗闸断面一年内水质变化情况

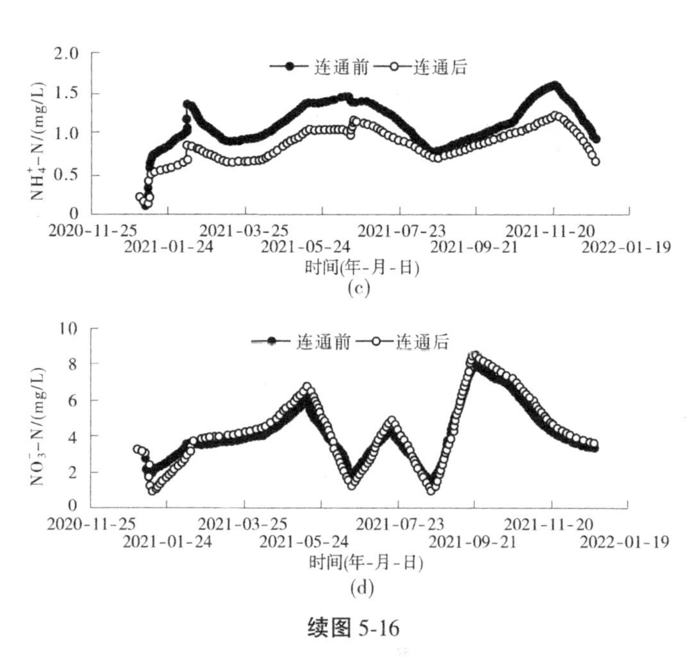

续图 5-16

图 5-17~图 5-20 展示了 2021 年 3 月、9 月和 12 月三个时间节点，赵口引黄灌区二期工程区域内 TN、TP、NH_4^+-N、NO_3^--N 的浓度分布状况。灌区内 3 月、4 月、5 月、7 月 和 11 月为引水期，3 月、4 月、5 月、6 月 7 月、8 月、9 月和 11 月为农业灌溉期。因此，12 月为非引水期非灌溉期，3 月为引水期灌溉期，9 月为非引水期灌溉期，12 个月中不存在引水期非灌溉期。

如图 5-17~图 5-20 所示，灌区 3 月、9 月和 12 月 TN 和 NO_3^--N 的浓度在工程完工后，变化不明显。惠济河和杞县范围内河沟渠道的 TP 和 NH_4^+-N 浓度在工程完工后，降低最明显。

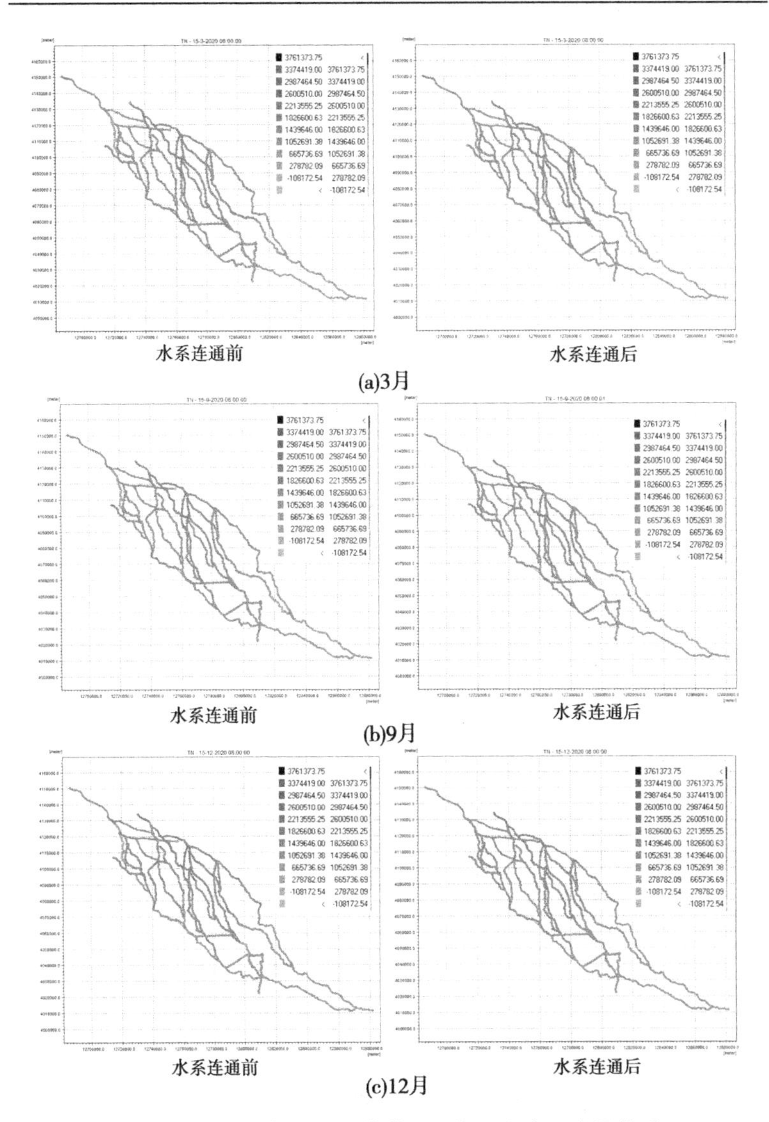

图 5-17　2021 年赵口引黄灌区二期工程水系连通前后 TN 的变化情况　（单位：μg/L）

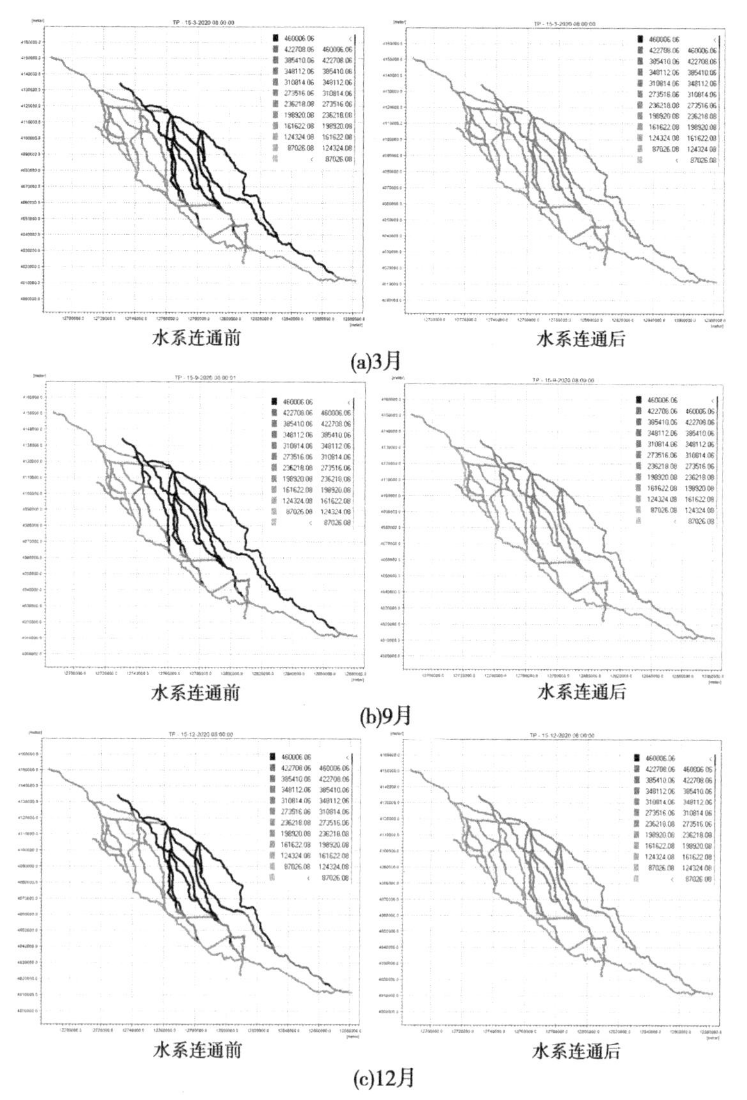

图 5-18　2021 年赵口引黄灌区二期工程水系连通前后

TP 的变化情况　（单位：μg/L）

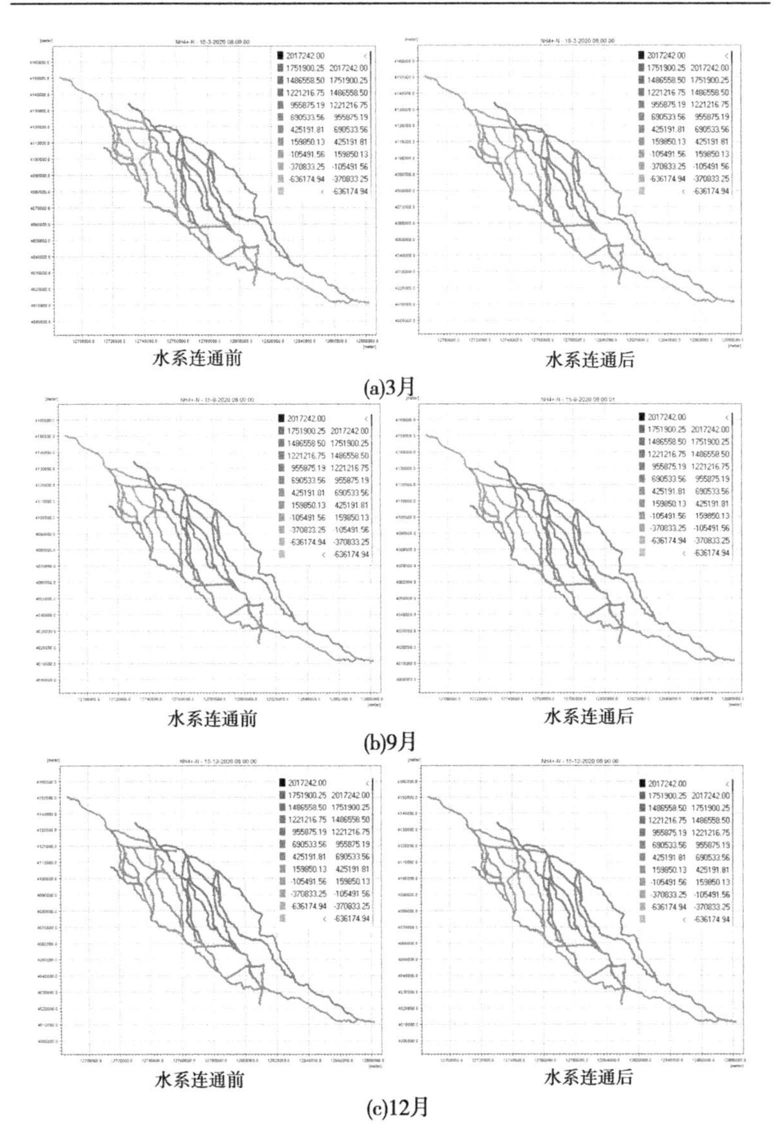

图 5-19　2021 年赵口引黄灌区二期工程水系连通前后 NH_4^+-N 的变化情况　(单位:μg/L)

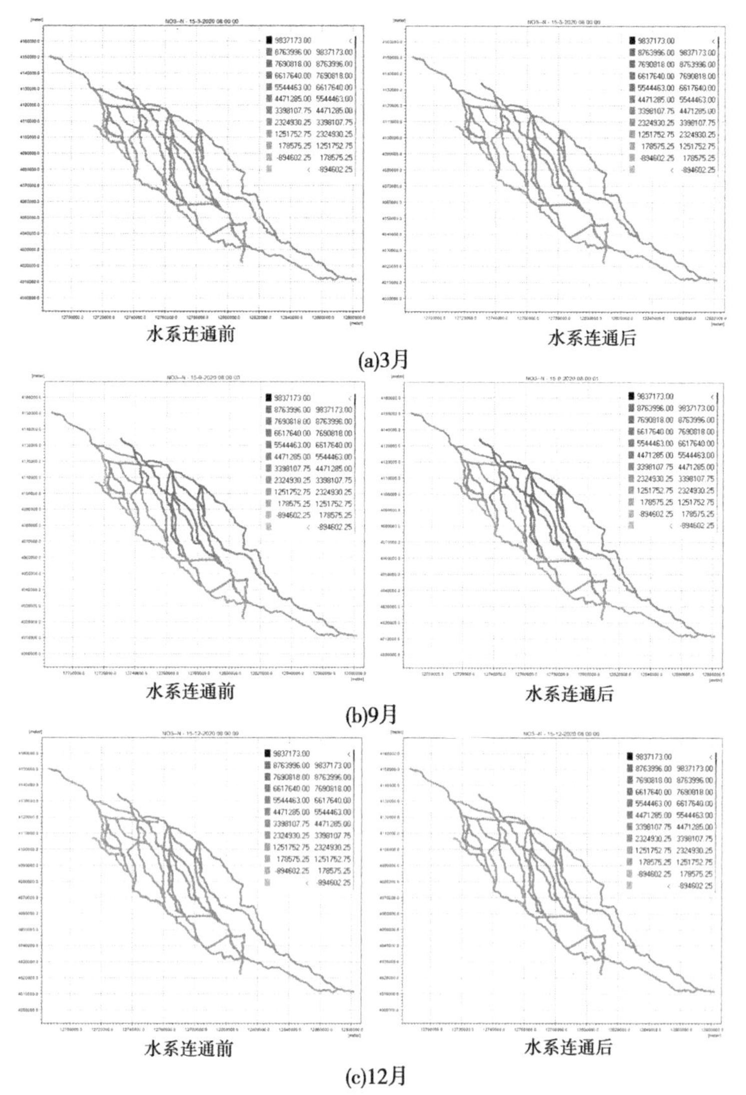

图 5-20　2021 年赵口引黄灌区二期工程水系连通前后 NO_3^--N 的变化情况　（单位：μg/L）

综上可见,水系连通对河沟渠道水质改善具有积极的作用。水系连通后,水量交换增强,促进水体循环,水体中的污染物在一定程度上被稀释。同时水力联系和水体流动性增加,通过长距离输水及水力机械运动,使得水体的复氧过程充分,有利于污染物的稀释、扩散和降解,增强水体自净能力,缩短再生周期,使得河流拥有更大的环境容量。同时引黄水量的一部分可通过河渠渗漏或灌溉回归补充地下水,因水的稀释和自净作用,浅层地下水中的污染物浓度有所降低,减轻浅层地下水体污染[1-2]。

5.3　水系连通对涡河、惠济河水环境容量的影响

水环境容量是在给定水域范围和水文条件、规定排污方式和水质目标的前提下,单位时间内该水域最大允许纳污量。水环境容量的概念在20世纪70年代由日本科学家首先提出,其概念从环境容量的基础上发展而来。水环境容量的大小决定了该地区排污量的大小,因此它不仅制约着地方经济的发展,还是国家环境管理部门制定排污标准的主要依据之一[3-4]。

纳污水体的水环境容量由稀释容量和自净容量两部分组成,稀释容量是指在不超标的前提下,水体自身本底污染物浓度低于水质目标浓度,所能接纳一定污染物的量。自净容量是指在污染物进入纳污水体后,经过沉降、吸附和微生物降低等一系列复杂的物理、化学和生物过程减少的那部分污染物的量。影响水环境容量大小的因素有水体环境功能要求、水文特征、目标污染物的降解特征、污染源的位置和污染物的排放方式等[5]。

国外对水环境容量计算方法的研究过程主要分为确定性方法研究阶段和不确定性方法研究阶段。而我国水环境容量研究在经过短时间的概念讨论之后实现了从基本原理到实际应用、从定性

研究到定量计算的转变,吸收国外研究成果的同时结合我国河流水环境实际情况,逐渐形成了适用于我国国情的理论方法。确定性方法和不确定性方法是水环境容量计算中的两类方法,其中解析公式法、模型试错法和系统最优化法中的线性规划法为确定性方法;不确定性数学方法主要包括系统最优化法中的随机规划法、概率稀释模型法和盲数理论等未确知数学法。解析公式法是我国最早的水环境容量计算方法,该方法的出发点是概念本身,该方法计算简便,同时可以结合水文模型加以使用,得到的计算结果与实际情况相符,在中国应用较为广泛,缺点为不适用于动态水环境容量且精度低。模型试错法同样以水环境数学模型为工具,不同于解析公式法的是该方法采用动态水质模型多次试算,所以计算结果精度较高,但是由于计算效率低等原因,相对于其他方法而言,该方法相对于其他方法应用较少。线性规划、非线性规划、动态规划及随机规划等系统最优化方法在环境科学中被广泛应用。相对于其他方法,此方法具有更高的计算精度和效率,应用方便且范围广泛,在现如今的信息科技时代,这种将模拟和优化改进相结合的方式成为主流计算方法。但是该方法较之解析公式法计算复杂,并且可能会出现优化结果不可行的情况。概率稀释模型法考虑了计算因子的随意性,从不确定角度对水体水环境容量进行分析,这在理论上和实践中都更接近水体的真实情况,该方法最大的缺点是数据需求量较大。随着研究的深入和计算机科学的发展,非确定性方法如数学盲数理论和三角模糊技术等也被应用于水质研究中,该方法充分考虑了水环境容量计算参数的不确定性,适用于资料缺少的情况,由于该方法在不确定性上考虑充分,所以前景广阔。但是计算中变量或参数的分布需要根据实测数据确定,所以在实际应用中技术难度较大[6-8]。

在现行的水环境影响评价导则修订版中,MIKE 软件被作为导则推荐软件之一而提出,国内已有很多研究将 MIKE11 模型用于水系动态水环境容量的计算,它综合了环境管理中的总量控制和质量控制的思想。

在基于 MIKE11 模型的河流水质模拟中,污染物的衰减作用在模型中已经充分考虑。因此,在计算水环境容量时只需考虑稀释作用。在污水进入河流水体后的混合浓度为

$$C_s = (QC_0 + qC_1)/(Q + q) = (QC_0 + W_i)/(Q + q)$$

式中:Q 为计算流量,m^3/s;q 为计算单元内的污水排放量,m^3/s;C_0 为上游来水中污染物的浓度,mg/L;C_s 为计算单元污染物水质目标浓度,mg/L;C_1 为污水浓度,mg/L;W_i 为计算单元水环境容量,g/s。

引入稀释流量比 m,令 $m = Q/(Q + q)$,则计算单元环境容量(W_i)公式可由上式推导出:

$$W_i = (C_s/m - C_{01}) \times Q$$

式中:C_{01} 为计算单元上游来水污染物的 MIKE11 模拟浓度,mg/L。

对 5 月赵口引黄灌区的模拟数据进行分析,计算水系连通前后涡河和惠济河不同断面的水环境容量,如表 5-2 和表 5-3 所示。赵口引黄灌区二期工程水系连通之后,涡河裴庄闸、吴庄闸、魏湾闸、玄武闸断面 TN、TP、NH_4^+-N 和 NO_3^--N 的水环境容量增加了 0.4%~82.4%,详见表 5-4。

表 5-2　水系连通前涡河、惠济河水环境容量(未考虑安全余量)　单位:g/s

河沟渠	断面	TN	TP	NH_4^+-N	NO_3^--N
涡河	裴庄闸断面	10.5	4.6	65.8	357.6
	吴庄闸断面	23.6	8.9	119.2	631.8
	魏湾闸断面	25.0	9.1	119.2	634.0
	玄武闸断面	40.1	12.5	170.4	882.6
惠济河	罗寨闸断面	9.0	0.8	22.9	99.2
	李岗闸断面	8.3	0.3	19.8	80.4

表 5-3 水系连通后涡河、惠济河水环境容量(未考虑安全余量) 单位:g/s

河沟渠	断面	TN	TP	NH_4^+-N	NO_3^--N
涡河	裴庄闸断面	60.0	10.7	113.0	808.8
	吴庄闸断面	48.1	11.9	145.5	864.4
	魏湾闸断面	51.4	12.0	145.8	866.2
	玄武闸断面	55.0	12.8	169.7	927.9
惠济河	罗寨闸断面	11.4	1.3	31.0	142.7
	李岗闸断面	10.8	0.7	26.6	114.1

表 5-4 水系连通后涡河、惠济河水环境容量增加量 %

河沟渠	断面	TN	TP	NH_4^+-N	NO_3^--N
涡河	裴庄闸断面	82.4	57.5	41.7	55.8
	吴庄闸断面	50.9	25.3	18.1	26.9
	魏湾闸断面	51.3	24.2	18.3	26.8
	玄武闸断面	27.0	2.2	0.4	4.9
惠济河	罗寨闸断面	20.8	37.8	26.1	30.5
	李岗闸断面	22.7	62.4	25.5	29.5

5.4 小 结

通过 MIKE11 模型搭建了赵口引黄灌区二期工程水动力-水质耦合模型,模拟闸控一维的水动力和水质变化,计算重要节点的环境容量变化,分析评价水系连通工程的实施,对于灌区水生态环

境的短期和长期影响,为下一步水环境综合治理和水资源管理提供依据。主要得出以下结论:

(1)在较短和较长的时间尺度下,赵口引黄灌区二期水系连通工程的实施使河沟渠道中TN、TP、NH_4^+-N和NO_3^--N的浓度有了一定程度的降低,水环境质量得到不同程度的改善。

(2)赵口引黄灌区二期工程在完工后,涡河和惠济河重要断面纳污能力增强,TN、TP、NH_4^+-N和NO_3^--N的水环境容量增加了0.4%~82.4%。

(3)赵口引黄灌区工程二期完工后,增加了总干渠—运粮河—涡河和东二干渠—陈留分干—惠济河输水通道,且对渠道进行衬砌,对河沟道进行治理,使其水系连通性增强,水体流动性增加,水量交换增大,有利于污染物的稀释、扩散和降解,同时长距离输送和水利机械运动,增加了水体复氧能力和自净能力,可加快水体污染物的降解速度。因此,赵口引黄灌区二期工程的实施,在提升豫东平原的渠道和河沟水系连通性,实现“引黄入贾入涡入惠”补源,提升区域水资源配置能力的同时,还能够增加流域水环境容量,改善流域水生态环境。

下一步建议:已搭建的赵口引黄灌区二期工程水动力-水质耦合模型可分析不同配调水方案对于受纳水体水质改善的效果,以便选择最佳调配水方案。

参考文献

[1] 王中根,李宗礼,刘昌明,等.河湖水系连通的理论探讨[J].自然资源学报,2011,26(3):523-529.

[2] 夏军,高扬,左其亭,等.河湖水系连通特征及其利弊[J].地理科学进展,2012,10(1):26-31.

[3] 张永良.水环境容量基本概念的发展[J].环境科学研究,1992(3):59-

61.
[4] 周刚,雷坤,富国,等.河流水环境容量计算方法研究[J].水利学报,2014,45(2):227-234,242.
[5] 逄勇,陆桂华.水环境容量计算理论及应用[M].武汉:科学出版社,2010.
[6] 周孝德,郭瑾珑,程文,等.水环境容量计算方法研究[J].西安理工大学学报,1999(3):1-6.
[7] 董飞,彭文启,刘晓波,等.地表水水环境容量计算方法回顾与展望[C]//中国水利水电科学研究院青年学术交流会.2014.

第6章　灌区水生态环境综合整治技术

灌区是我国粮食安全的基础保障，是现代化农业发展的主要基地、区域经济发展的重要支撑、生态环境保护的基本依托。此外，灌区还是一个人类活动自然资源物质生产高度集中的生态系统，自然资源特别是水资源有限，人类活动干扰较大是现代灌区的普遍现状。通过上述研究评价，赵口引黄灌区存在生态环境退化、农业面源污染严重、减排控制困难、生物多样性下降与生态群落退化等问题，极大地影响了灌区功能的发挥。针对现状，建议采用“生态节水型灌区综合调控关键技术”对灌区水环境进行“源头把控-过程拦截-健康循环-生态修复-文化建设”的综合治理，推行赵口引黄灌区生态环境良性发展模式，建立生态灌区长效管护机制，建成一个以“水”为基础的大生态系统，以综合治理为指导方针，以水肥高效利用与面源污染物协同控制为理念，以灌区渠道、排水沟、水塘、湿地和村镇居民生活污水为对象，以面源污染物削减、生态拦截与沟道修复为重点，以节水为关键，以生态改善为目的，实现灌区“节水、减源、截留、生态共治”的总体目标，助推灌区生态环境改善和高质量发展。

项目建议采用水肥一体化智能灌溉技术对灌区实施精准灌溉施肥管理，减少灌区农田退水污染物含量，做到原位减排；利用灌区沟渠生态化技术、灌区生态湿地构建等手段实现对灌区氮磷、农药、重金属等污染物的有效截留，对污染物做到过程拦截；利用农田退水循环利用与分质分流智能化灌溉技术实现农田退水的循环利用，提高灌区水资源利用效率的同时降低污水排放量，做到健康循环;利用生态系统恢复与修补关键技术,处理灌区现有水环境问题,降低人类活动干扰,做到生态修复;结合灌区水景观文化建设,传承水利故事,展现灌区地域文化,做到水文化建设,最终达到灌区水环境的综合治理,结合灌区灌溉排水信息化、智能化管理,形成生态节水型灌区的最佳管理模式,实现灌区生态系统良性发展、资源节约与排水绿色。图 6-1 展示了生态节水型灌区综合整治技术的相关内容。

图 6-1　生态节水型灌区综合整治技术导览图

6.1　水肥一体化智能灌溉技术

6.1.1　灌区亟须解决的问题

近年来,由于不合理的灌溉及化肥施用,如传统的粗放式灌溉施肥的方式包括大水漫灌、过度施肥等灌溉管理方式,给环境带来了诸多污染问题,不合理的灌溉管理方式将土壤中的氮磷等污染物通过农田退水、地表径流等途径进入河流或湖泊,对受纳水体造成了严重的农业面源污染[1-2]。农业面源污染已经成为影响灌区生态环境的重要因素和灌区健康发展的瓶颈。赵口引黄灌区设计灌溉面积587万亩,有效灌溉面积366.5万亩,其中高效节水灌溉面积113万亩,仅占有效灌溉面积的30.83%。大部分的农田灌溉管理方式还较为粗放,灌水、施肥、施药过量现象普遍可见,引起氮磷流失、资源浪费的同时也成为灌区面源污染主要污染物的来源。

而农田氮磷等养分的流失是以水为载体,对于旱地,水分是影响肥料有效性的重要因素,因此农田水分管理对控制农业面源污染的流失起着不可忽视的作用。在旱作和蔬菜生产中,多采用大水畦灌、随水冲肥的方法,造成氮素养分向深层土壤淋失,氮素利用率降低,这不仅造成地下水的污染,也是一种资源浪费,还威胁着农产品质量安全。所以,合理地进行灌溉施肥具有重要意义。随着节水灌溉技术的发展,水肥一体化智能灌溉技术的应用受到青睐,该技术可有效地提高水、肥、药的利用率,减少氮磷流失,并缓解土壤次生盐渍化问题[3]。

6.1.2　技术原理

水肥一体化灌溉技术是将灌溉和施肥融为一体,通过管道灌溉系统把水溶性肥料均匀、准确地直接输送到作物根部,适时适量地满足作物水肥需求的现代农业新技术[4-5]。该技术是以农业可持续发展、资源环境保护和农业经济学为指导思想,鼓励人们朝着可持续的做法和行为来进行农业生产,在增加现有农田粮食产量的同时尽可能减少农业生产对生态环境造成的压力。它集节水灌溉和高效施肥技术于一体,其具有显著的节水节肥、省工省力、提质增效等优点,近年来已广泛应用于大田作物、经济林果、蔬菜花卉等种植园区,实现了水肥的高效利用。根据第六届国际微灌大会资料显示,1981—2000年,世界利用水肥一体化技术灌溉面积增加了633%,平均每年增加33%,达到3 733.3 hm^2。水肥一体化在我国发展较晚，目前只有8%的灌溉面积应用了水肥一体化，原农业部办公厅制定的《推进水肥一体化实施方案（2016—2020年）》指出，到2020年水肥一体化技术推广面积达1 000万hm^2，新增533万hm^2。从实际推广应用上看，利用水肥一体化智能灌溉技术与传统农田管理模式相比节水35%左右，节肥30%左右，可以使果品每666.7 m^2增产80.6~233.7 kg，增长幅度达到13.30%~28.16%，增产效果显著，此外，蔬菜体内硝酸盐含量降低30%以上，硝酸盐淋洗减少1/3以上。水肥一体化智能灌溉技术实现了按需灌溉，集中施肥，提高了水分利用效率，减少了肥料挥发和流失以及养分过剩造成的损失，具有管理简便、供水供肥及时、作物易于吸收、提高水肥料利用率、提升作物品质等优点[6]。

水肥一体化技术符合国家"一控两减三基本"的战略发展方向，同时国家不断加强高标准农田建设项目的实施，也为水肥一体化技术的发展奠定了基础。2019年，发展和改革委员会、水利部印发的《国家节水行动方案》指出：加强大数据、人工智能、区块链等新一代信息技术与节水技术、管理及产品的深度融合[7]。"十四五"期间，国家将工作重点转移到了乡村振兴上面，并且相继出台了多项数字乡村、现代农业相关的发展纲要，明确了数字农业的发展方向，"智慧农业"成为我国"十四五"规划的重要发展战略之一。

近年来，大数据分析和人工智能的快速发展，实际应用于物联网后促进了新型物联网智能灌溉系统。云技术的加入使得整个系统的智能化和现代化得到进一步提升。

水肥一体化智能灌溉是世界现代农业灌溉发展的产物，其应用了物联网技术、自动化控制技术、无线传感技术、信息技术以及最新的人工智能等技术，达到时与空、量与质上精确定位、定时、定量的一整套水肥一体化现代农业灌溉技术与管理的系统，既满足了农田灌溉作物的需求，又提高了灌溉系统的工作效率和性能，使得农业灌溉实现了信息化、精准化、多能化。水肥一体化智能灌溉技术的诞生为我国从传统农业向现代化、集约化、规模化农业发展提供了一个强有力的技术支持，是解决我国农业灌溉作业中水资源短缺问题的最佳途径。该技术的运用达成了“四个转变”：渠道输水向管道输水转变、灌溉浇地向庄稼供水转变、土壤施肥向作物施肥转变、水肥分施向水肥一体转变[8]。

水肥一体化智能灌溉系统由上位机软件系统、区域控制柜、分路控制器、变送器、数据采集终端组成。通过与供水系统有机结合，实现智能化控制。可实现智能化监测、控制灌溉中的供水时间、施肥浓度以及供水量。变送器（土壤水分变送器、流量变送器等）实时监测的灌溉状况，当灌区土壤湿度达到预先设定的下限值时，电磁阀可以自动开启，当监测的土壤含水量及液位达到预设的灌水定额后，可以自动关闭电磁阀系统，也可根据时间段调度整个灌区电磁阀的轮流工作，并手动控制灌溉和采集墒情[9]。

水肥一体化智能灌溉系统的工作原理是：基于农田灌溉用水管理工作的复杂性和实时性，根据田间作物及外界环境的变化，计算机进行远程测控并将采集的农田和植物相关参数（可采集到的数据有大气温度、大气相对湿度、土壤水势、土壤含水量、降雨量等信息）传送到上位机，通过相应的软件进行数据计算、信息分析、综合决策，做出灌溉预报，确定每次灌水所需的精确时间和最优水量，启动相关执行设备实施灌溉[10]。水肥一体化智能灌溉系统示意如图6-2所示。

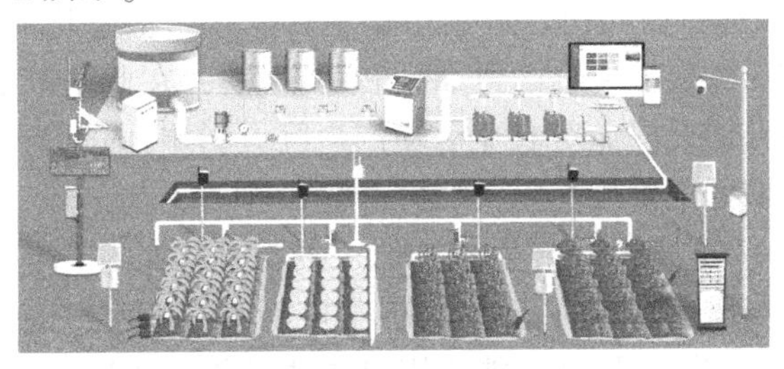

图6-2　水肥一体化智能灌溉系统示意图

系统运行的核心是数据通过无线传输系统进行传输，无线信息采集器从土壤水分传感器上采集墒情信息，并通过数据接收模块、数据分析模块以及数据发送模块，最终生成具有区域的墒情数据即土壤含水量，通过与设定的土壤含水量上下限比较，从而决策是否灌溉，若需要灌溉，再进一步确定灌溉水量及灌溉时间，灌溉结束后，系统自动停止运行，当监测的土壤含水量低于设定的土壤含水量下限，则系统自动开启灌溉，如此往复循环。其具体工作流程如图6-3所示。

6.1.3 技术需求

水肥一体化智能灌溉系统是指不需要人为操控，能够动态监测作物的生长环境参数，并通过控制器或计算机控制中心进行数据计算、信息分析和综合决策，再通过灌溉决策结果来判断是否需要控制相关灌溉执行机构来进行灌溉的一种农田自动化灌溉管理方式。系统的用户通常为具有一定计算机使用基础但文化程度不高的农户。需要系统能够在一定程度上帮助用户脱离时间和空间的限制，实现农田灌溉的远程监控以及信息管理等，技术需求如下：

（1）数据采集功能。系统要求能够实现对作物生长环境的数据采集以及对现场设备状态的监测，如土壤温湿度、空气温湿度、光照强度等数据的采集和电磁阀通断状态等信息的监测。

（2）数据传输功能。数据传输是智能化和信息化的基础，在系统中应保障数据传输的可靠性和稳定性，并在此基础上减少观测区的线路铺设以免对农业活动产生巨大影响，同时要考虑数据传输前后期的部署成本以及维护难度。

（3）远程监测和信息管理功能。主要通过Internet技术、远程通信技术与监测现场进行数据交互，应能够在为用户提供监测现场实时数据监测的同时还能为用户提供历史数据查询、数据分析、

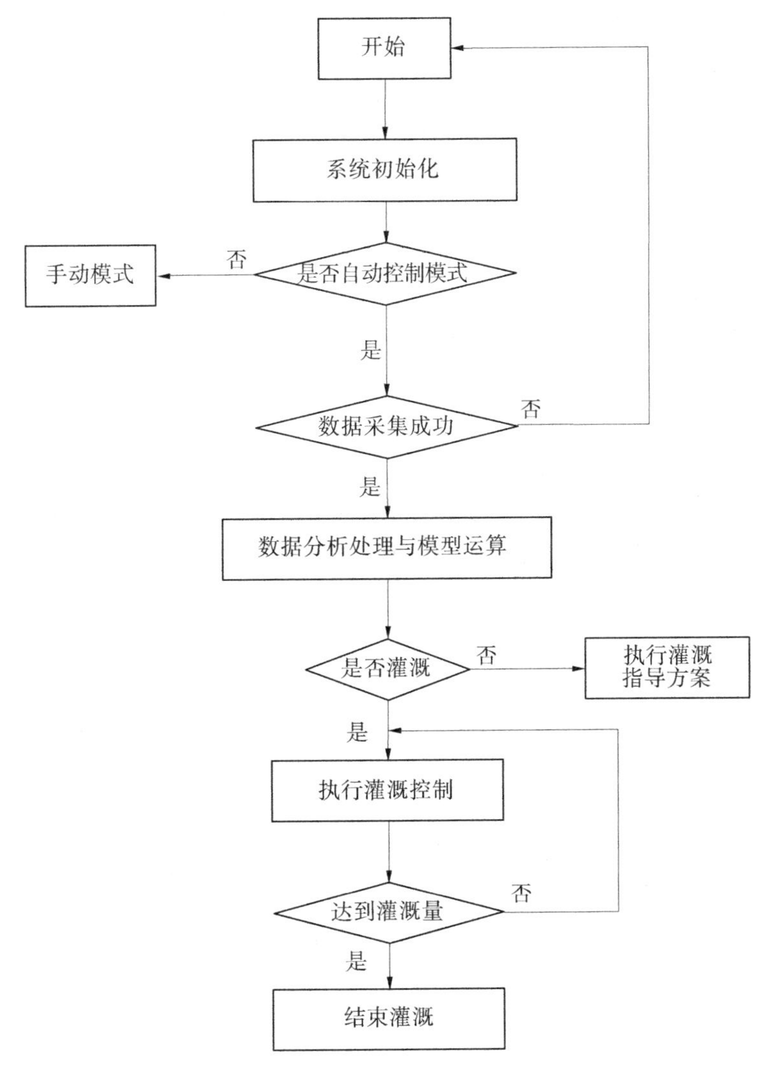

图 6-3　水肥一体化智能灌溉系统工作流程

信息管理等功能,方便用户实现对监测区的多维度监管。

(4)灌溉控制功能。系统的根本是实现对作物的灌溉,以达到节水、增产的效果,用户应能够根据需求实现手动控制、定时控制和智能控制功能,为用户提供多种选择以实现作物的灌溉需求。手动控制即用户能通过手动按钮实时对监测现场实现灌溉任务;定时控制即用户通过制定定时灌溉任务对监测现场实现定时定量灌溉;智能控制即系统根据监测现场环境参数和作物种类进行智能化决策灌溉,保证作物的优良生长。

水肥一体化智能灌溉系统除具有以上实际功能需求外,还要在其性能上为系统的良好运行和用户的正常使用提供保障。具体需求如下:

(1)稳定性。系统的稳定性是系统实现功能的最基本保障,因此选择相对成熟的技术设备和性能可靠的服务器进行系统的开发与设计,其中以数据传输和灌溉决策需求最高,保障其能够长时间的稳定运行。

(2)实时性。智能灌溉中各参数不存在陡然变化的可能,因此在实时性能上可放宽要求,但是为保障数据的传输和控制指令的下发以及用户的操作体验,实时性也应控制在一定范围内,数据上传和控制指令下发应尽量在3 s内得到响应。

(3)容错性。具有一定的容错性能,当用户操作中出现差错时,可在操作页面通过弹出窗口对错误操作进行提示和纠正,以增加系统使用性。

(4)安全性。为保障系统安全性,执行用户登录验证等方式进行访问操作,在一定程度上保障了系统的安全,以防外部人员进行非法操作和数据窃取。

(5)低功耗。由于监测现场设备节点众多,为避免频繁地对节点进行维护、更换电池等,减少人力、物力的消耗和保障监测环境的完整性,对监测现场设备尤其是数据采集节点进行低功耗选择和设计。

(6)可操作性。本系统针对的用户主要为文化程度不高但是具有一定计算机使用基础的人员,系统以直观、简洁的操作界面为主,充分利用图形、数字、表格等元素为用户提供生动形象、直观明了的功能体验。

(7)可拓展性。为保障系统后续的升级换代,采用模块化和框架式设计,当系统功能增加时,可直接在原有的功能基础上进行微小的改动即可实现,避免了系统重建,减少后期维护、升级带来的资金耗费。

该系统主要具备用水量控制管理、运行状态实时监控、阀门自动控制、运行维护管理等功能。

(1)用水量控制管理功能。实现两级用水计量,通过出口流量监测作为本区域内用水总量,通过每个支管压力传感采集数据实时计算各支管的轮灌水量,与阀门自动控制功能结合,实现每一个阀门控制单元的用水量统计。同时水泵引入流量控制,当超过用水总量将通过远程控制,限制区域用水。

(2)运行状态实时监控功能。通过水位和视频监控能够实时监测滴灌系统水源状况,及时发布缺水预警;通过水泵电流和电压监测、出水口压力和流量监测、管网分干管流量和压力监测,能够及时发现滴灌系统爆管、漏水、低压运行等不合理灌溉事件,及时通知维护人员,保障滴灌系统高效运行。

(3)阀门自动控制功能。通过对农田土壤墒情信息、小气候信息和作物长势信息的实时监测,采用无线或有线技术,实现阀门的遥控启闭和定时轮灌启闭。根据采集到的信息,结合当地作物的需水和灌溉轮灌情况制定自动开启水泵、阀门,实现无人值守自动灌溉,分片控制,预防人为误操作。

(4)运行维护管理功能。包括系统维护、状态监测和系统运行的现场管理;实现区域用水量计量管理、旱情和灌溉预报专家决策、信息发布等功能的远程决策管理;对用水、耗电、灌水量、维护、材料消耗等进行统计和成本核算,对灌溉设施设备生成定期维护计划,记录维护情况,实现灌溉工程的精细化维护运行管理。节水灌溉自动化控制系统能够充分发挥现有的节水设备作用,优化调度,提高效益,通过自动控制技术的应用,更加节水节能,降低灌溉成本,提高灌溉质量,将使灌溉更加科学、方便,提高管理水平。为方便管理,计划研发移动终端 APP,通过手机等移动终端设备随时随地查看系统信息,远程操作相关设备。

6.2 灌区沟渠生态化技术

6.2.1 灌区亟须解决的问题

在灌区的发展中,为减轻渠道渗漏、强化边坡稳定、控制地下水水位,实施了渠道全部衬砌的三面光滑及边坡防护的硬质化工程(浆砌石块,现浇或预制混凝土等),可有效地提高灌区渠道的基本功能,如灌溉、供水、排涝等,但衬砌渠道阻断了水体和陆地环境的联系,导致物种减少,对生态环境构成严重的威胁。我国"十四五"规划中指出要加强水利基础设施建设,加大重点河湖保护和综合治理力度,恢复水清岸绿的水生态体系。进而人们在不断加大水利投入的同时,也将视线聚集到水利建设中的环境和生态问题,考虑如何在建设水利中更好地改善环境和修复生态。因此,在高效发挥灌区基本功能和边坡稳定的同时,如何维持良好的水环境和水生态功能成为渠道构建的难点[11]。

自 2007 年以来,赵口引黄灌区续建配套与节水改造工程开始实施,截至 2017 年共完成渠道改造 69.40 km,采用混凝土衬砌方式。赵口引黄灌区二期工程建设任务指出,需要继续对灌区干、支渠进行建设或续建,范围为赵口引黄灌区总干渠—运粮河—涡河以东及柘城涡河以西区域，涉及郑州市的中牟县，开封市的郊区、开封县、通许县、杞县，周口市的太康县和商丘市的柘城县等 6 县 1 郊区，新改建渠道 43 条，总长 424.982 km；治理沟道 36 条，总长 414.7 km。根据监测发现，赵口灌区渠道衬砌与防渗工程的硬质衬砌使水生植物无法生长，生物栖息环境丧失，生态系统结构遭到破坏；同时，渠道水体自净能力下降，面源污染物通过衬砌护坡很容易进入水体，进一步加重了水体的污染负荷。赵口引黄灌区二期工程正在开展过程中，急需将渠道建设和续建工程调整为生态沟渠。

6.2.2　技术原理

灌区沟渠生态化技术是一种随着生态水利的发展而提出的针对灌区水环境污染的生态拦截系统。灌区沟渠生态化技术通过防渗型护坡、结构形式优化、植物组合配置等方法实现渠道输水效率的提高、污染物的去除和生物生境条件的改善。生态沟渠兼有集水和排水的功能，是截留氮、磷等污染物的关键场所，其主要是通过人工构建的护坡、填充基质、植物种植的方式，对传统农田沟渠进行改造，以提高生态沟渠对污染物的净化能力。有学者比较了我国太湖流域已建生态沟渠和自然土壤沟渠的养分缓解能力，结果表明，虽然两种沟渠均能发挥一定的污染物拦截净化效果，但是两种沟渠在稳定条件下运行后对氨氮、总氮和总磷的去除率存在显著差异，生态排水沟渠要明显优于自然沟渠。这是因为生态沟渠是一种特殊的湿地生态系统，它也是一个集水安全、能源利用和环境保护于一体的高效生态技术综合体。它通过植物-基质（底泥）-微生物之间形成的物理-化学-生物复合修复机制协同去除农田退水所挟带的氮、磷污染物，达到净化水质的目的。所以，生态沟渠中的植物、基质（底泥）、微生物均具有重要作用[12]。

水生植物是沟渠中水相、生物相以及沉积物相的重要组成因子,在去除氮、磷的过程中占有重要地位。首先,生态沟渠中水生植物发达的根系形成了浓密的拦截网格,这不仅改变了底泥沉积物的分布与性质,从而减缓了氮、磷的横向运输,同时延长了水力停留时间,进而延长了水体-底泥-植物之间的相互作用时间,提高了对污染物的净化能力,增大了污染物削减幅度。植物吸收的氮、磷转化为自身所需的营养物质,最后通过人工收割的方式将氮、磷彻底从水体中去除。其次,发达的植物根系具有较大的比表面积,为微生物生长繁殖提供了空间,根系分泌物可作为微生物生长的碳源,以及根系的泌氧功能为好氧微生物提供部分氧气,利于微生物的生长繁殖及新陈代谢,进而提高脱氮除磷的能力。底泥在生态沟渠中同样占有重要的地位。沟渠中的底泥是植物和微生物生长繁殖的载体,其与水体之间污染物的交换是影响水体中氮、磷迁移的重要过程。底泥中的铁、铝氧化物对水体中的磷有吸附作用,可吸附水体中溶解磷以及颗粒态磷,从而降低水体中的磷负荷,但是此吸附作用是短暂的,并不能把磷彻底从水体中去除,要想从底泥中去除磷,只能通过清淤的方式。此外,底泥对水体中的氨氮也有一定的吸附作用,被吸附到底泥中的氨氮在微生物硝化作用下分解,进而提高脱氮效率。生态沟渠内微生物的生长和繁殖对系统内氮、磷的去除非常重要,尤其是对氮的去除。对于氮的去除,系统内微生物的硝化与反硝化作用占主导地位,是脱氮的重要手段。植物根系周围及底泥中存在着种类丰富、数量较多的微生物,可分为好氧、兼性厌氧、厌氧微生物,这些微生物可将系统中的氮、磷及有机物分解成易于植物吸收、便于土壤吸附的状态以及转化成气体排出系统,这显著地提高了生态沟渠的净化能力[13]。

有很多研究证明了生态沟渠确实具有较好的污染物去除效果。有学者研究了生态沟渠对农田径流中 N、P 的去除率,研究结果表明,动态进水条件下生态沟渠对 N 和 P 的去除率分别为 35.7%和 41.0%,甚至可达 74.1%和 68.6%,静态进水条件下生态沟渠对 N 和 P 的去除率则分别为 58.2%和 84.8%，不同构造的生态沟渠对 N、P 的去除率均能分别超过 40%和 50%。另有学者是采用生态沟渠对稻作区小流域农田排水中 TN、NH_4^+-N、NO_3^--N 和 TP 进行研究。研究结果表明，在 2016 年和 2017 年生态沟渠对农田排水中 TN 平均去除率分别为 58.49%、47.61%，对 NH_4^+-N 平均去除率分别为 77.29%、69.72%，对 NO_3^--N 平均去除率分别为 58.77%、47.79%，对 TP 平均去除率分别为 67.07%、54.47%。张春旸等在江苏省宜兴市滆溪荡流域北部支流之一的何家浜上游流域农业面源污染治理的示范工程中，将当地的自然排水沟渠改造成生态沟渠进行研究，结果表明，在三场不同强度的降雨过程中，生态沟渠对 TN 的平均去除率达到 31.4%，TP 的平均去除率达到 40.8%。还有学者构建一种带有沸石坝的植草生态型排水沟渠，在太湖地区夏稻冬小麦轮作稻田进行了为期 2 年（2014—2015 年）的生态沟渠田间试验，研究表明，稻田排水在流经生态沟渠后总氮含量明显降低，在 2014 年生态沟渠对总氮的平均去除效率为 24.66%，2015 年生态沟渠对总氮的平均去除效率为 30.39%，

由此可见，生态沟渠可以有效地减少氮、磷的迁移，实现对农田排水中氮、磷的拦截净化，可减少下游的 N、P 营养物负荷，此外，由于生态沟渠中种有植物，所以其还具有景观特征，进而将生态沟渠控制措施作为拦截面源污染中氮、磷是一个有效的补充措施。与传统的城市污水处理系统相比，生态沟渠具有结构相对简单、基建投资较少、占地面积相对较小以及适宜应用范围广等优点，而且生态沟渠还能够通过实地需求进行合理的植物种植、改造渠边坡度、改变水体流向与流速、设定水力停留时间和沟渠底侧部填料选择，从而提高生态沟渠的净化能力，因此推广扩大应用前景较好[14]。

6.2.3 生态沟渠构建

6.2.3.1 生态沟渠结构参数

断面结构方面，生态沟渠断面一般采用梯形断面和 U 形断面，本书使用的生态沟渠技术采用梯形断面，底宽 500 mm、深 1 200 mm，考虑到水生植物占用一部分体积，沟边坡系数放大至 0.5，上宽为 1 700 mm，有效过水断面为 800 mm，较传统水旱通用混凝土排水渠（上宽 1 100 mm、底宽 150 mm、沟深 850 mm）扩大 51%。为了满足水生植物种植需求，沟底、沟壁设为混凝土孔板结构，沟壁板为 600 mm×1 150 mm，沟壁板上端平均布 12 个孔洞，开孔率为 13.1%，沟壁板下端 500 mm 上表面拉毛；沟底板为 500 mm×1 200 mm，采用 S 形交错方式开设 2 个孔洞，以强化排水的折流作用。该生态沟渠的横断面见图 6-4。

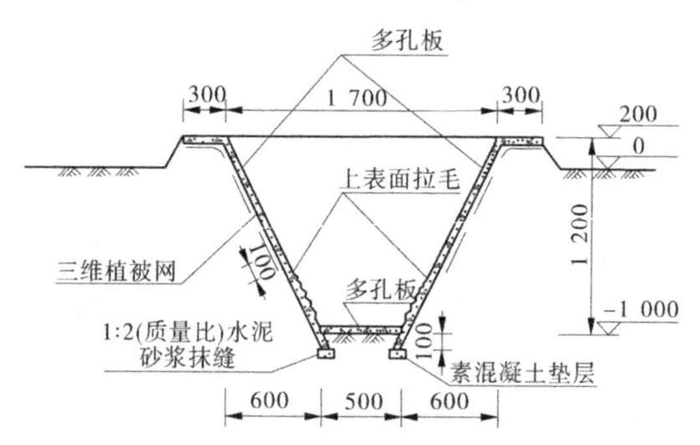

图 6-4 旱田生态沟渠横断面示意图 （单位：mm）

生态护坡方面，考虑到土壤固定与养护的需求，沟壁种植孔设计为四角梅花形棱台体，内外口直径分别为 100 mm 和 130 mm；根据常规水生植物生长最小根际面积，沟底种植孔为直径 80 mm 的圆形孔。针对生态沟渠在应用后期易出现沟体损毁、植物死亡、拦截效果逐年降低等问题，在沟壁板与沟壁土体之间加铺 1 层三维植被网。利用沟壁植物根系与三维植被网之间的锚固作用达到沟渠结构稳定,增强对纵向水流和横向水流的抗冲蚀能力。该生态沟渠的抗坡面侵蚀强度相比裸露土质沟渠可提高 2 倍以上。

水生植物配置方面,水生植物主要起到减缓水流速度、拦截吸收氮、磷等作用,其根系的泌氧功能还可为根系微生物活动提供必要的好氧环境。借鉴前人对水生植物湿地净化效果的研究成果,梭鱼草在花期的生物量约为 0.36 kg/m,狗牙根草在稳定期的生物量约为 0.45 kg/m。按照生物量大、净化效果好、易于回收利用的筛选原则,本技术采用幼苗移栽方式在生态沟渠的沟底交错种植梭鱼草,采用草皮移植方式在沟壁种植狗牙根草。

6.2.3.2　氮、磷污染物在生态沟渠中的迁移转化

氮、磷是农业面源污染中的主要污染物。含氮物质主要以有机氮、氨态氮和硝态氮、亚硝态氮的形式存在,主要以溶解态为主;含磷物质主要是溶解性磷酸盐、颗粒态无机磷和有机磷等。氮、磷污染物依附沟渠中的水生植物、底泥、微生物等作用不断发生迁移转化,探明氮、磷迁移转化规律,给污染物的去除指明了方向。

1. 氮、磷污染物在水生植物中的转移

植物是沟渠系统的初级生产者之一。水生植物可以直接吸收上覆水以及底泥间隙水中的 NH_4^+、NO_3^- 和 PO_4^- 离子,将其同化成自身所需的物质如 ATP、蛋白质和核酸来合成组织结构并维持自身生长,植物体内的一部分氮、磷通过对植物的收割处理去除,一部分氮、磷会随着水生植物的凋落腐烂、分解后再次附着在沟渠的底泥表面及水体中。植物不仅可直接吸收氮、磷等营养成分,还具有很多的间接作用以促进生态沟渠系统对氮、磷的去除作用。

首先,由于植物自身的吸收作用,在其根区形成浓度梯度,打破了氮、磷物质在水-泥界面的平衡,促进氮、磷在界面的交换作用,进而加速污染物进入底泥的速度,增强其截留能力。然后,水生植物茎和根的中心具有较大的通气组织,其根系又常形成一个网络状的结构,利于植物将光合作用产生的 O_2 输送到根区,在根

区还原态的介质中形成氧化状态的微环境,不仅可满足植物在缺氧环境的呼吸需要,还可促进根区的氧化还原反应,增加对氮、磷的吸收和沉淀,提高去除速率。另外,根区的好氧环境能够促进硝化细菌的生长,植物根系分泌出大量的含碳有机物并促进反硝化细菌的生长,好氧厌氧交替作用下,硝化-反硝化作用强烈,加速氮的吸收和转化。此外,植物的存在增加了沟渠的粗糙度、阻力和摩擦力,从而降低沟渠内水体流速,延长了水力停留时间,有利于污染物在沟渠内的去除。同时植物根系发达,形成密集的拦截网,增加了对泥沙的拦截作用,进而提高了对水体中营养物质的拦截效应。有学者为了有效地截留和去除农业水体中的氮、磷,在农业排水沟中种植了美人蕉、石菖蒲、水枪、寻常水仙和油桐等植物,构建了组合植被型生态沟渠,并对氮和磷沿沟渠的浓度变化规律进行了探究,结果表明植被排水沟渠对氮、磷污染物具有良好的截留效果。陆宏鑫等在室内构建了组合植物型生态沟渠和自然沟渠(对照,无植物),研究了这两种沟渠对农田径流中氮、磷的拦截效果,结果表明组合植物生态沟渠对氮、磷的拦截效果明显好于自然沟渠。还有试验表明,有植物的生态沟渠中氮、磷的截留效率均在30%以上,而自然沟渠的截留效率为20%~30%。另一试验结果表明,生态沟渠植物的种植改善了沟渠底泥的微生物群落多样性和丰富度。生态沟渠水体和底泥中功能菌属总相对丰度分别介于15.32%~25.62%、8.83%~17.45%,均高于明水沟渠(13.01%、8.65%。冗余分析得出,沟渠系统微生物群落对农田径流污染物的去除有影响,变形菌门和Y-变形菌纲对TN、TP的去除效果影响较大,可以增强沟渠系统对TN、TP的去除效果。

生态沟渠所种植物不同,对沟渠底泥的理化性质产生不同的影响。有研究表明,生态沟渠底泥全磷、草酸提取态磷(Pox)及有机含量,沿水流方向有增长趋势,而沟渠底泥的pH变化则与之相反。有研究表明,铜钱草0~5 cm底泥中草酸提取态铁、草酸提取态铝和草酸提取态磷的含量高于杂草或黑三棱段底泥。可见,生态沟渠的构建及净水植物的种植,也会影响沟渠底泥基本属性。生态沟渠所种植物的不同,对氮、磷的拦截去除效应也有差异。陈英等发现,再力花+芦苇+黄花水龙、水芹+灯心草+菖蒲2种水生植物组合对水体中TN、TP拦截率均不低于65%;也有研究结果表明,在以水生植物狐尾藻+珍珠梅+海寿花+自然植被(茭白、芦苇等)为搭配方式的生态沟渠,连续2年沟渠水体中TN、NH_4^+-N、NO_3^--N、TP平均拦截率分别为53.02%、73.51%、53.28%、60.77%;有学者在天津市实验林场水稻种植区充分利用现有排水沟渠进行工程改造,配置不同植物,建设成生态沟渠,试验配置了7种植物组合,结果表明,7种植物配置均起到了对氮、磷的拦截效果,总氮去除率分别为鸢尾+菠菜(92.27%)>菖蒲+紫穗槐(84.92%)>芦苇+刺儿菜(83.73%)>三菱草+苜蓿(83.47%)>美人蕉+芦苇(69.81%)>菖蒲+茅草(59.18%)>芦苇+芦苇(26.07%);总磷去除率分别为鸢尾+菠菜(88.89%)>菖蒲+茅草(92.27%)>菖蒲+紫穗槐(82.98%)>美人蕉+芦苇(76.92%)>三菱草+苜蓿(65%)>芦苇+芦苇(62.96%)>芦苇+刺儿菜(23.08%)。

所以,对植物的选择也很关键,一般情况下,水生植物的选择主要遵循以下原则:本土植物,易于存活,生长旺盛,季节影响小,对农田径流污染物具有较强的拦截吸收能力;易于处置利用,能起到生态景观作用等。

2. 氮、磷污染物在底泥中的转移

沟渠底泥主要由农田流失的土壤和自然形成的底泥两部分组成,沟渠底泥作为沟渠系统的基质与载体,不仅为微生物和水生植物提供了生长的载体和营养物质,底泥自身亦具有对水体中氮、磷的净化作用。底泥富含有机质,有较好的团粒结构,吸附能力强,且在底泥中生长的微生物种类和数量多,有助于吸附、降解水体中氮、磷污染物。有研究表明,沉积物对氨氮和磷酸盐的吸附是一个复合动力学过程,分为快速吸附和慢速吸附。快速吸附主要发生在0~5 h内,沟渠沉积物对氨氮和磷酸盐的吸附等温线均呈良好线性变化。对于氮类物质,底泥吸附主要体现在对还原态氨氮的吸附作用,可以通过阳离子交换吸附去除溶液中的铵离子。底泥对氨氮的吸附作用在初期是明显的,在短时间内,吸附可能接近进水的100%。在一定的氨氮浓度下,会有一定量的氨氮吸附到底泥提供的吸附位点上,然而,底泥的吸附能力是有限的,当底泥吸附饱和时,也就达到了平衡吸附状态。当水中氨氮浓度减少后,底泥会向系统释放所吸附的氨氮,在新浓度下重新获得平衡。经试验表明,底泥对氨氮的吸附是沟渠除氮的重要方式,但不是除氮的主要途径。对于磷的去除,由于底泥中还含有较多的无定型(非晶体型)铁、铝、钙等物质,易与可溶性的无机磷化物发生吸附和沉淀反应,生成溶解度很低的磷酸铁、磷酸铝及磷酸钙等沉积在底泥中,进而增强了底泥的去磷能力。此外,由于底泥表层处于好氧状态,铁、铝呈现出无定性氧化态形式,导致其吸附能力较强,容易和磷形成难溶的复合物,其相关反应式如下:

$$CaO + H_2O \longrightarrow Ca(OH)_2 \longrightarrow Ca^{2+} + 2OH^-$$

$$3Ca(OH)_2 + 2H_2PO_4^-/2HPO_4^{2-}/2PO_4^{3-} \longrightarrow$$

$$Ca_3(PO_4)_2 + 2OH^-/4OH^-/6OH^- + 4H_2O/2H_2O$$

$$5Ca^{2+} + 4OH^- + 3HPO_4^{2-} \longrightarrow Ca_5(OH)(PO_4)_3 + 3H_2O$$

$$10Ca^{2+} + 8OH^- + 6HPO_4^{2-} \longrightarrow Ca_{10}(OH)_2(PO_4)_6 + 6H_2O$$

$$3Fe^{2+} + 2PO_4^{3-} \longrightarrow Fe_3(PO_4)_2$$

$$Fe^{3+} + PO_4^{3-} \longrightarrow FePO_4$$

$$Al^{3+} + PO_4^{3-} \longrightarrow AlPO_4$$

$$Al(OH)_3 + H_2PO_4^- \longrightarrow AlPO_4 + OH^- + 2H_2O$$

但随着底泥深度的增加,好氧状态逐渐向缺氧、厌氧状态转化,导致铁、铝等形态随之发生变化,使底泥随深度增加而吸附能力下降。沟渠底泥对磷的吸附与沉淀作用是最主要的除磷作用,但底泥对磷的吸附可能出现饱和状态,又会使一部分磷从底泥重新释放到水中。

3. 氮、磷污染物通过微生物的转移

水生植物的根(茎)网络以及沉积物表面附着大量微生物,这些微生物的生长及繁殖对物质的分解去除具有重要的作用。它们能将氮、磷分解为便于植物吸收、基质(底泥)吸附的离子状态,进而促进氮、磷的去除。此外,由于水生植物的生长,其根系的分泌物及好氧环境为好氧细菌的生长创造了条件,将排水中的氮、磷及其他有机物分解为 NO_3^-、PO_4^{3-}、SO_4^{2-} 等离子,根区以外的还原状态区域,发育着大量的厌氧微生物。根系周围连续呈现出好氧、缺氧及厌氧状态,有利于微生物对沟渠系统中氮、磷的去除,从而达到脱氮作用。沟渠系统中脱氮是一个复杂的过程,首先,沟渠中的有机氮会经过氧化脱氨基作用生成 NH_4^+/NH_3,这是一个好氧过程,随着底泥深度的增加而减少;然后是微生物的硝化反应,有氧气存在时,亚硝化细菌将 NH_4^+ 转化成亚硝酸盐,再由硝酸盐菌转化为硝酸盐,反应式如下:

亚硝化反应方程式:

$$NH_4^+ + \frac{3}{2}O_2 \longrightarrow NO_2^- + 2H^+ + H_2O$$

硝化反应方程式:

$$NO^- + \frac{1}{2}O_2 \longrightarrow NO_3^-$$

硝化反应总反应式:

$$NH_4^+ + 2O_2 \longrightarrow NO_3^- + 2H^+ + H_2O$$

结合硝化细菌合成自身细胞所需要吸收氮的情况,硝化反应可写成:

亚硝化反应方程式：

$$55NH_4^+ + 76O_2 + 109HCO_3^- \longrightarrow C_5H_7O_2N + 54NO_2^- + 57H_2O + 104H_2CO_3$$

硝化反应方程式：

$$400NO_2^- + 195O_2 + NH_4^+ + 4H_2CO_3 + HCO_3^- \longrightarrow C_5H_7O_2N + 400NO_3^- + 3H_2O$$

硝化反应总反应式：

$$NH_4^+ + 1.83O_2 + 1.98HCO_3^- \longrightarrow 0.021C_5H_7O_2N + 0.98NO_3^- + 1.04H_2O + 1.884H_2CO_3$$

再是微生物的反硝化反应，它是在缺氧条件下，反硝化细菌将 NO_3^- 转化成氮气（N_2）、一氧化二氮（N_2O）或一氧化氮（NO），反应式如下：

$$NO_3^- + 1.08CH_3OH + 0.24H_2CO_3 \longrightarrow 0.06C_5H_7NO_2 + 0.47N_2 + 1.68H_2O + HCO_3^-$$

除以上传统的微生物硝化与反硝化作用，目前还发现了新的脱氮途径，但并不是脱氮的主要路径，如部分硝化-反硝化、厌氧氨氧化等。部分硝化-反硝化是将 NH_4^+-N 转化成 NO_2^--N，然后将 NO_2^--N 转化成 N_2，反应式如下：

$$NH_4^+ + \frac{3}{2}O_2 \longrightarrow NO_2^- + 2H^+ + H_2O$$

$$NO_2^- + \frac{1}{2}CH_3OH + H^+ \longrightarrow \frac{1}{2}N_2 + \frac{1}{2}CO_2 + \frac{3}{2}H_2O$$

厌氧氨氧化是在厌氧条件下，在丝状菌群的存在下，铵直接被氧化成氮气。与传统的硝化和反硝化工艺相比，厌氧氨氧化工艺的优点是：①不需要外部碳源；②较低的氧气需求；③低能耗。具体的反应式如下：

$$NH_4^+ + 1.32NO_2^- + 0.066HCO_3^- + 0.13H^+ \longrightarrow 1.02N_2 + 0.066CH_2O_{0.5}H_{0.15} + 0.26NO_3^- + 2.03H_2O$$

在以上微生物脱氮过程中,传统的微生物硝化与反硝化反应是生态沟渠系统中去除氮的主要途径。微生物对磷的去除途径包括对磷的同化作用及过量积累两种,有机磷及溶解性较差的无机磷酸盐经过磷细菌的代谢活动后,有机磷化合物转变成磷酸盐,溶解性差的磷化合物得以溶解,最终从污水中去除。此外,未灭菌时沟渠沉积物对氨氮的截留量要明显大于灭菌后的截留量。同样,未灭菌时沉积物对 DTP 的截留量稍大于灭菌后的截留量,但相差不大。因此,可以看出沟渠中微生物对氮、磷的去除具有重要影响,尤其对氮素影响特别明显。对磷素影响较小,间接地说明沟渠中对磷素的去除主要是底泥的吸附作用,微生物的作用并不占主导。

6.2.3.3　生态沟渠对污染物的强化去除措施

根据氮、磷污染物在生态沟渠中的迁移转化规律,适宜延长水力停留时间和增加人工填料可强化生态沟渠对污染物的去除效果。延长水力停留时间可以增加悬浮物的沉积量和污染物反应时间,大量研究表明水力停留时间与污染物的去除效果有很大的关系。湿地中 NH_4^+-N 浓度随滞留时间的延长呈指数下降,其去除率是滞留时间的二次函数,先升后降。可以把溶解态磷的去除分为两个阶段:第一阶段速度较快,主要通过吸附作用以及磷酸盐的形成;第二阶段速度较慢,主要依靠化学促沉作用和被吸附物结成固体物质。因此,为了提高磷的去除效果,滞留时间必须保证达到第二阶段。所以,适当地延长水力停留时间能够加强氮、磷污染物的去除效果,延长 HRT 可以通过在各级排水沟渠出口加设控制水流的排水阀或闸等设施,调节排水沟渠水位或者在沟渠中设置拦截坝等方式实现。有研究结果表明,在温度为 15 ℃以上,水力停留时间分别为 6 d、8 d、14 d 和 20 d 时,总氮的去除率基本呈增加的趋势,平均去除率分别为 44.8%、80.2%、78.9%、85.9%;对于 PO_4^{3-}-P 来说, HRT 为 6 d、8 d、14 d 和 20 d 的去除率与氮的去除率趋势相似,平均去除率分别为33.6%、56.3%、76.5%、88.1%。但是也有研究结果表明,生态沟渠对N、P的去除主要集中在进水后的48 h内。在此期间,水体中N、P浓度迅速下降并达到一个较稳定的数值,之后不再随HRT的延长有明显的变化。所以,水力停留时间,需要根据处理系统适当的调整,选择合适的水力停留时间才能达到最佳的处理效果。

底泥吸附作用对氮、磷的去除贡献很大,尤其是对氨氮和磷的去除。但是底泥对氮、磷的吸附有一定的饱和性,而且底泥的吸附性能与底泥属性有很大关系,容易受到外界环境的影响。为进一步强化对氮、磷的去除效果和稳定性,可以在沟渠中添加人工填料。填料主要通过物理截留、化学沉淀、吸附、氧化还原、络合及离子交换等作用,起到净化水体的目的。常见的填料可以分为天然填料和人造填料。天然填料包括砾石、沙子、无烟煤、沸石、镁橄榄石、锰砂、花岗岩、火山岩、石英、土壤等,人造填料包括改性黏土(膨胀黏土、煅烧黏土、过滤黏土等)、陶粒、空心砖、陶瓷、人工生态基质、钢渣、活性炭、海绵铁等。有学者比较了多种填料的除磷效率,并发现了沙子是最好的(94%~99%),其次是砖壤土(92%),然后是赤泥改性砂(86%~89%)。在另一个以沙子为填料研究中发现,在运行的前三年,总氮去除率从60.1%增加到93.4%。沸石富含微孔和中孔,在脱氮方面具有很强的优势,其对NH_4^+-N有极强的吸附性,可快速截留水体中的NH_4^+-N,有学者研究了不同深度的沸石层对NH_4^+-N去除的影响。结果表明,水煤浆中沸石层的增加可以显著降低废水中NH_4^+-N的含量。也有研究表明,在低温(3~7.5 ℃)条件下,沸石吸附对湿地中NH_4^+-N的去除起主导作用,而在高温(20~25 ℃)条件下,硝化和沸石吸附均有贡献。许多对改性黏土的研究表明,页岩具有非常优异的磷吸附效果。有学者比较了7种填料对磷的吸附效果,结果表明粉煤灰和页岩对磷的吸附能力最好,其次是铝土矿、石灰石和轻质膨胀黏土团聚体。长期试验表明,页岩和铝矾土对磷的最大吸附量分别为730 mg/kg和355 mg/kg。也有人指出,页岩是湿地中脱氮的潜在基质。它对NH_4^+-N和NO_3^--N的吸附效率分别为52.9%~69.0%和57.0%~72.0%。钢渣含有丰富的游离态CaO、胶体Fe_2O_3和Al_2O_3等物,对污水中磷吸附率快、吸附容量高。有学者构建了空白沟渠、植物沟渠、填料生态沟渠三种类型沟渠进行研究,研究结果表明,脱氮除磷的效果由大到小依次为,填料生态沟渠>植物沟渠>空白沟渠,且填料生态沟渠明显好于其他沟渠,其对TN的去除率为33.06%,对TP的去除率为81.07%。有很多学者为了提高生态沟渠系统的处理能力,往往对填料进行改性或是采取不同填料组合的方式。有学者为了改进生态沟渠处理污水的处理效果,以不同含量抚顺西露天矿绿色泥岩为生态沟渠土壤改良基质,搭建反应器。模拟农村面源污水周期性进水,以COD、TP和TN等为检测指标,考察改良与未改良反应器对污水的处理效果。结果表明当绿色泥岩添加量为9%时,改良后的反应器对COD、TP和TN的平均去除率分别为70%、83%和88%,比未改良的对照组分别提高了27%、21%和5%。表明以绿色泥岩为改良土壤基质可提升生态沟渠对TP、COD和TN的去除效果。有研究采用内置复合填料基质的生态沟渠对轻度污染的长广溪河流进行治理。填料主要由质量比为10:1:0.5的铁屑、铜屑和木屑组成。由于基质填料与河水发生微电解反应,使TP、DTP、TN和DTN的最高去除率分别可达68.61%、76.45%、46.26%和50.59%。不同的填料组合产生的效果也会有所不同。有研究搭配了6组混合填料,有三组是混有碎石的组合,其对TP的去除率相较混有废砖的组合对氮、磷的去除率要低,说明废砖的吸附性能较碎石更好。组合为废砖、火山岩与滤环混合而成的填料对TN、TP的去除效果均相对较好,其中TN的去除率为24.71%,TP的去除率为36.22%。

基质选择是生态沟渠处理面源污染的关键问题之一，合适的基质能有效去除各种污染物，避免堵塞，提高运行周期。所以，在选择基质材料时要考虑的问题包括它们的来源和成本、水力和工程可行性、去除污染物的能力、支持植物生长和微生物附着、安全性（二次污染）、基质堵塞、基质寿命以及耗尽基质的回收和处理问题等。因此，在实际应用中应因地制宜，筛选出合适的填料。

6.3 灌区生态湿地构建技术

6.3.1 灌区亟须解决的问题

随着我国城市生活污水和工业废水等点源污染得到有效控制，农田退水污染问题日益凸显，已经成为水环境污染的最重要来源。农田退水通过生态沟渠的净化作用，已经初步对农田退水中的污染物进行净化，但由于农田退水在生态渠道的停留时间往往较短，底泥吸附作用不足以将退水中的污染物净化完全，需要一个接触面积大，且容纳时间长的环节对农田退水进一步净化。

灌区生态湿地技术是一种结合天然与人工处理的复合工艺，主要是利用基质、植物以及微生物的化学、物理、生物协同作用，对污水进行处理的新型生态系统。近年来，通过生态湿地的构建，可有效地改善灌区水环境，从而达到保护区域生态的目的。赵口引黄灌区二期工程设计灌溉面积 587 万亩，灌区内部无功能完好的生态湿地，未来可构建相应规模的生态湿地，对灌区内的农田退水进一步净化。

6.3.2 技术原理

生态湿地系统中养分的去除和转化主要包括微生物转化、分解、植物吸收、沉降、挥发和吸附/固定反应；水生植物通过吸收养分、过滤无机和有机颗粒以及产生氧化根际来加强人工湿地系统中养分的去除。具体设计如图6-5所示。

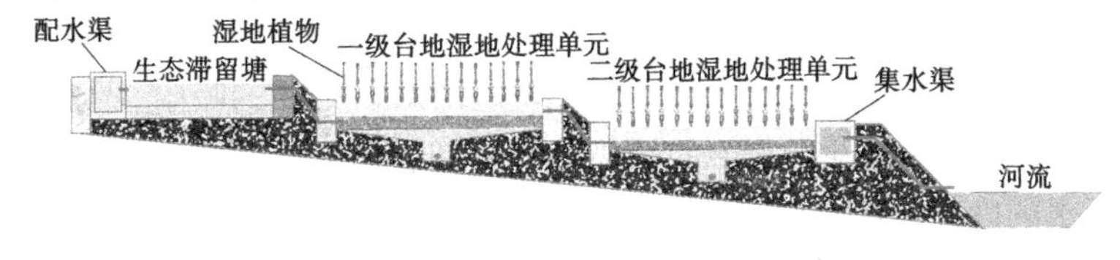

图6-5　生态湿地设计图

实际应用中可根据实际的场地情况，选择台地级别个数，其中的处理单元具体如图6-6所示。

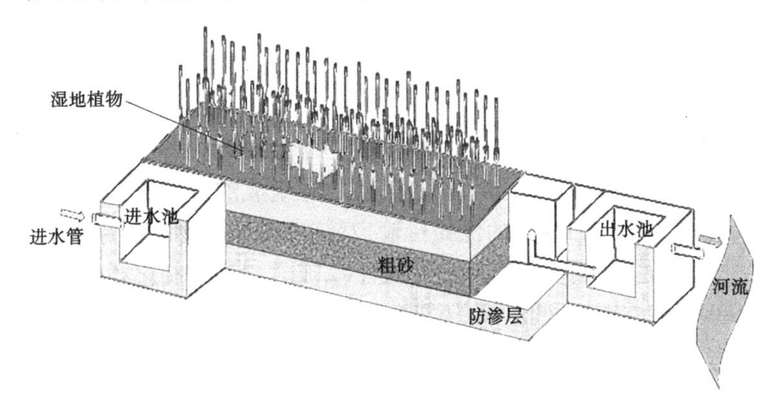

图6-6　生态湿地处理单元示意图

湿地构成中可以采用基质、植物以及微生物等开展水体净化，采用表流漫地技术、生态砾石床技术、人工根孔生态净化技术和水生植物修复技术协同作用，去除水体中的氮、磷等污染物。

基质可以为植物生长提供介质、为广泛微生物提供稳定的生长场所和必要的营养，通过基质过滤、吸附、沉淀等方式处理农田退水，并且利用基质中微生物活动来净化水质，水生植物的茎叶通过光合作用对水体中氮、磷等营养物质进行良好的吸收。

(1)表流漫地技术。表面流人工湿地水力路径以地表推流在处理过程中主要通过植物根的拦截、土壤的吸附过滤和污染物的自然沉降来达到去除污染物的目的。植物与基质层对悬浮物的截留作用、在缓流状态下悬浮物的沉降作用、表面水层中有机物的好氧分解、底层有机物的厌氧分解和基质层对污染物的吸附、吸收及化学反应等;淹没于水中的植物茎、叶,其表面上形成的生物膜,对污水的净化,尤其是有机污染物和营养物的净化起着主要作用。

(2)生态砾石床技术。生态砾石床技术是将污染水体导入由砾石料制成的生态滤床进行处理的方法。砾石床的净化机制主要通过滤料过滤水中悬浮污染物,由滤料表面形成的生物胶进一步分解有机物,在生物膜表面和内部分别形成好氧和厌氧环境,进行硝化反硝化作用脱氮。而磷的去除则主要靠土壤及砾石的吸附作用。

(3)人工根孔生态净化技术。水陆交错带中存在着根孔系统,它是由根系、土壤、微生物、水、空气等组成的多层次界面系统,可实现水、气体和溶质的优先传输,对流经的污染物的去除具有重要作用。通过根孔导流,污染物被土壤吸附、截留、氧化还原、微生物降解,水质得到净化,还为多种生物提供了栖息-繁育地。

(4)水生植物修复技术。水生植物修复技术是以水生植物为主体,引用物种间共生关系和充分利用水体空间生态位与营养生态位的原则,确定物种选择与配置、种植水深、底质条件等内容,营造出高效自然的生态系统。

6.3.3　构建方法

6.3.3.1　湿地工艺选择

生态湿地系统按水流方式主要有三种形式,三种形式各有利弊,应因地制宜,选取适宜工艺。

1.表面流人工湿地

污水在湿地基质表面水平漫流,水域开放,也称为自由水面流人工湿地(FWS CWs),在系统中可以种植的植物有漂浮植物、沉水植物和挺水植物。水流较缓,水位较浅,一般为0.1~0.6 m,植物秸秆和枯枝落叶的存在可延长水力停留时间,调节了水流。当水流过湿地时,污染物质会发生一系列复杂物理(沉淀、过滤、紫外线照射)、化学(沉淀、吸附、挥发)和生物(微生物降解、微生物营养转化、植物吸收、微生物竞争和细菌死亡)反应,从而达到净化水质的目的。表面流人工湿地中的溶解氧浓度较高,所以去除有机物效果较好,而且植物的拦截作用使得总悬浮固体的去除能力较强。由于影响氮去除的因素较多,如氮的进水浓度、进水温度、季节的变化、有效的有机碳源以及溶解氧浓度,所以对氮的去除率变化不定。它对磷去除主要是通过填料吸附和沉淀完成的,植物收割所占的去除量比例较小。有很多研究结果表明,表面流人工湿地可用于去除多种污染物,如悬浮固体、有机化合物、氮和磷、金属和病原体。悬浮固体、化学需氧量和生化需氧量去除效果较好,可达到70%以上,而氮和磷的去除效率处于相对不稳定的状态,通常分别在40%~50%和40%~90%波动。有学者在广西桂林青狮潭灌区农田灌溉区域中,在地势低洼处建立了表面流人工湿地对农田排水进行处理。监测结果表明2009—2010年早稻期间,表面流人工湿地对总氮去除率分别为43.11%、48.95%;总磷的去除率分别为54.23%、43.28%,去除效果较好。有研究对滏阳河河水中的主要污染因子TN和NH_4^+-N的去除进行了中试试验,其水力负荷为430 mm/d、水力停留时间为0.5 d,研究结果表明,表面流湿地系统对TN和NH_4^+-N的平均去除率分别为50.89%和48.95%,能够将劣Ⅴ类水处理为Ⅳ类水甚至Ⅲ类水。

表面流人工湿地系统适合处理低污染水体,其优点如下:①建造和运行费用低(仅为传统二级污水处理厂的1/10~1/2);②维护简单易操作;③氨氮的硝化作用强,对悬浮物有较强的去除能力;④可缓冲水力和污染负荷的冲击;⑤接近自然湿地、生态多样性相对丰富、景观效果好。其不足是:①建设占地面积大;②可接纳负荷小,所以适用于低污染水体;③反硝化能力弱;④受气候影响大,冬季易结冰;⑤容易滋生蚊虫,产生臭味。

2. 水平潜流人工湿地

水平潜流人工湿地底部需要做防渗处理,污水自前端的布水区在多孔基质表面以下水平向末端缓慢流动,污染物在与植物根系、基质接触过程中得以去除,污水经终端集水区收集排出湿地系统。水平潜流人工湿地应用范围较广,目前常被用来处理农田退水、生活污水、景观用水、工业废水、医疗废水、暴雨径流、矿山废水、石油开采废水、垃圾场渗滤液等污水,并且均有较好的去除效果。有学者利用水平潜流人工湿地处理含油废水,对污水处理进行了为期5个月的监测。研究结果表明,当进水流量为1.2 m^3/d时,水平流人工湿地对化学需氧量、总氮、氨氮和矿物油的平均去除率分别为54.27%、53.47%、54.84%和50.19%。有研究利用水平潜流人工湿地净化陕西省西安市兴庆湖的严重富营养化的景观水体,在秋季和冬季人工湿地连续运行180 d后,水体中的COD、NH_3-N、TN、TP、SS的平均去除率分别达到82.4%、53.8%、47.9%、73.3%和86.6%。有研究采用以竹炭和砾石为组合填料的水平潜流人工湿地对生活污水进行处理,研究结果表明,水平潜流人工湿地对生活污水中COD、总氮和总磷的平均去除率分别为72.2%、47.8%和59.8%,当$HRT=3.5$ d和$HRT=2$ d时,总氮和总磷去除率分别达到最高。有研究采用水平潜流人工湿地对湖水处理,研究结果表明在水力负荷为0.5 $m^3/(m^2 \cdot d)$和水深0.7 m时,SS、COD、TN和TP的平均去除率分别在86.6%、80%、47.88%、75%左右。

水平潜流人工湿地系统也适合处理低污染水体,其优点如下:①建设占地面积一般;②反硝化能力好;③保温效果好,受季节影响小;④承受的水力负荷和污染负荷大;⑤恶臭和蚊蝇滋生少,堵塞风险小。其不足是:①工程建设费用高;②运行维护管理相对复杂;③硝化能力弱;④生态多样性、景观效果一般。

3. 垂直流人工湿地

垂直流人工湿地底部需要做防渗处理,污水通过布水系统均匀分配投加到湿地床体表面,纵向下渗到床体底部,污染物在与植物根系、基质的接触过程中得以去除,污水再经湿地床体底部设置的集水管收集后排除系统。与水平潜流人工湿地系统不同的是,垂直流人工湿地是间歇地大量进料,从而淹没了表面。当床体完全排空后,空气可以重新填充基质床层,更多的氧气进入床层,从而加强了硝化反应。相反,垂直流湿地系统的反硝化能力就会较差,不能充分将氮转化为气态氮形式,然后逃逸到大气中。目前,垂直流人工湿地应用范围较广,常被用在畜禽废水、生活污水、景观用水、工业废水、医疗废水、暴雨径流、矿山废水、石油开采废水、垃圾场渗滤液等污水处理中。有学者采用垂直流人工湿地对高污染河水中的氮磷进行处理,研究结果表明其 TN 和 NH_3-N 的去除率分别为 23.19%~91.95%和 30.84%~99.59%,其去除效果随季节变化呈现先升高后稳定再降低的趋势;TP 和 PO_4^{3-}-P 的去除效果较好,其年平均除磷效率分别为 88.28%和 84.23%;春、夏、秋季时其去除率较为稳定,且处于较高水平,冬季湿地内部受芦苇收割的影响,其去除效果略有下降。有研究采用中试垂直潜流人工湿地处理模拟农村废水,运行 12 个月,研究结果表明,在整个研究过程中,反应器的平均去除率分别为氨氮 40.13%~79.45%,总氮 25.36%~65.65%,总磷 23.50%~55.45%。

垂直流人工湿地适合处理中、高污染的水体,其优点是:①建设占地面积较小;②硝化能力好;③保温效果好,受季节影响小;④承受的水力负荷和污染负荷大;⑤恶臭和蚊蝇滋生少。其不足是:①工程建设费用高;②运行维护管理相对复杂;③反硝化能力弱;④生态多样性、景观效果一般;⑤容易堵塞。

由以上对表面流人工湿地、水平潜流人工湿地、垂直流人工湿地的描述可知,这三种湿地的应用范围均较广,但是各自的特点又不尽相同。所以,目前很多研究学者更倾向于将不同类型的人工湿地相互组合(混合或组合系统)使用,以利用不同系统的特定优势,实现较好的净化效果。例如,当垂直流人工湿地与水平潜流人工湿地组合时,垂直流人工湿地旨在去除有机物和悬浮固体,并提供硝化作用,水平潜流人工湿地主要是发生反硝化作用,并进一步去除有机物和悬浮固体。但一般来说,任何一种人工湿地都可以组合起来,以达到更高的处理效果。有学者通过构建多级表面流人工湿地探讨了鄱阳湖区农村面源污染的控制机制,并对湿地系统污水处理工艺进行了研究,研究结果表明系统对污染物 COD、TP、NO_3^--N 和 NO_2^--N 的去除率分别为 48.9%、73.5%、58.7%和 54.7%;有学者采用二级串联潜流式人工湿地处理农村生活污水,结果表明,在夏季时,组合湿地对 TN 和 TP 的去除率分别为 80%和 83%;而在冬季,组合湿地对 TN 和 TP 的去除率均可达到 90%以上。还有学者选用悬浮球、沸石、陶粒、煤矸石、碎石和铁碳 6 种湿地填料,搭配美人蕉、吉祥草、鸢尾、再力花 4 种植物构建三级垂直潜流人工湿地系统。结果表明,当 0.2 $m^3/(m^2 \cdot d)$ 进水负荷下,湿地系统对水中 COD、NH_4^+-N 和 TP 均有较好的净化效果,去除率分别为 84.38%、65.78%、74.67%,出水浓度稳定满足《农村生活污水处理设施水污染物排放标准》(DB51/2626—2019)二级标准。有研究设计了一套水平潜流-表流复合人工湿地,考察了系统各单元对微污染水体的脱氮除磷性能,研究结果表明,水平潜流人工湿地对 TN、NH_4^+-N 和 TP 平均去除率分别为 28.27%、47.27%和 26.11%,表面流人工湿地对 TN、NH_4^+-N 和 TP 平均去除率分别为 30.07%、37.57%和 15.45%。复合系统对氮、磷去除效果显著,对 TN、NH_4^+-N 和 TP 的平均去除率分别为 62.09%、56.16%和 37.50%,均大于单个湿地系统的去除效果。

6.3.3.2　湿地填料选择

1. 湿地填料挑选原则

填料的选择对人工湿地系统处理污水的效果具有重要意义。填料的去污过程来自离子交换、专性与非专性吸附、螯合作用及沉降反应等。填料的所有理化性状都能影响它对污水的处理效果。在床体内部填充多孔的、有较大表面积的基质,可改善湿地的水力学性能,为微生物提供更大的活动空间。增强系统对污染物(尤其是氮)的去除能力。目前应用较多的有土壤填料、卵石填料、塑料填料、炉渣填料、瓷填料、活性炭填料、自然岩石与矿物材料等。每种填料性能各有优缺点,应根据具体污水的水质和经济分析结论进行选择,以充分发挥填料的作用,但所选填料都应满足以下条件:

(1)质轻,松散容量小,有足够的机械强度;

(2)比表面积大,孔隙率高,属多孔惰性载体;

(3)不含有害于人体健康和妨碍工业生产的有害物质,化学稳定性良好;

(4)水头损失小,性状系数好,吸附能力强;

(5)滤速高,工作周期长,产水量大,水质好。

为了综合发挥各种填料的优势,湿地床通常由多种填料组成,填料级配十分重要,粒径过小的基质虽然与污水接触面积大且空隙率小,可以取得较好的吸附效果并拦截更多的污染物,但容易造成湿地的阻塞,而粒径过大的基质虽然水力传导效率高,但去除污染物效果差,所以要合理利用填料的级配,以利于有效地去除各种污染物的同时有效地避免床体的堵塞。

不同的物理结构、化学组成以及比表面积都会影响基质在湿地中的净化效果。有研究选用天然蛭石和生物蛭石分别配成基质处理柱,发现生物蛭石与天然蛭石相比具有更强的氨氮去除能力,生物蛭石柱在运行期间对氨氮的去除率始终保持在 80%以上。有学者研究了常见的 7 种人工湿地基质材料,并分析了这些基质去除磷素的化学机制,发现富含游离铝、铁氧化物的基质会与污水中的磷发生反应,产生更多难溶的磷酸铝盐或磷酸铁盐,从而起到高效除磷的作用。而富含硅质的基质通常对磷素的去除能力相对较差,例如砂子和砾石等。有学者研究了多层基质和单层基质人工湿地对污染物去除效果的区别,结果表明多层基质对污染物的去除效果好于单层基质。

人工湿地填料的配置也会影响植物的生长,从而影响着人工湿地的净化效果。不同填料的湿地系统影响着湿地植物的生长与生物量,从而影响植物对污染物的吸收能力;同时,在不同填料条件下植物根系微生物活性存在差异,从而导致根系微生物对污染物的分解、转化与去除作用受到影响,最终影响到人工湿地系统的净化能力。有研究结果表明,在表面流人工湿地中,当生物炭的添加量小于10%时,对苦草的影响不明显,当添加过多的生物炭时,不利于苦草的生长,主要表现为苦草的总生物量、相对生长率和叶绿素含量显著降低,根系活力和根叶生物量比先略有增加后下降。同时也有研究结果表明,在处理酸性淀粉废水的小试系统中,页岩中的菖蒲和芦苇,其叶片相对绿度、茎根比、平均株高等指标均好于沸石中植物,种植在页岩中的菖蒲和芦苇,其根系活力分别为沸石中植物的3.7倍和1.6倍。

混合填料的不同配比,对氮、磷的去除效果也有一定的影响。有研究采用沸石、蛭石和无烟煤对氨氮的最大吸附量分别为72.3 mg/kg、610.9 mg/kg和45.7 mg/kg,而对TP的最大吸附量分别为148.0 mg/kg、226.2 mg/kg和237.7 mg/kg。动力学吸附结果表明,3种基质的最佳混合体积比为2:1:1,在该配比下吸附24 h后,其对府河河水中氨氮和TP的吸附量分别为11.8 mg/kg和3.6 mg/kg,相应的去除率为27.3%和86.7%。有学者选取6种人工湿地基质进行磷吸附试验,将吸附效果最好的3种基质按不同比例混合构建混合基质,结果表明,沸石、陶瓷滤料和石灰石以质量比 3:1:1配比时获得的混合基质除磷效果最优。

2.人工湿地填料的确定

垂直流人工湿地的填料有砂、碎石、页岩石、卵石、石灰石、页岩粒、黏土陶粒、炉渣、钢渣、火山石、兰花石、炭粒、活性炭、贝壳等。作为基质必需要用的有砂、碎石、卵石。

6.3.3.3　湿地植物筛选

大型水生植物的存在是人工湿地最显著的特征之一,也是人工湿地有别于天然的土壤过滤器或潟湖的主要原因。湿地中的植物主要包括漂浮植物(凤眼莲、浮萍等)、沉水植物(狐尾藻属、金鱼藻属等)、挺水植物(芦苇、香蒲属等),植物在人工湿地污水处理过程中,对于提高湿地系统的净化能力发挥着重要的作用。有研究在4组表面流人工湿地中分别种植了黄菖蒲、美人蕉、梭鱼草、风车草四种植物,还有一组未种植植物,作为对照组,研究结果表明种植植物的人工湿地与未种植人工湿地相比,在去除 NH_4^+-N、TN 和 TP 污染物方面具有更好的性能。其中种植黄菖蒲组对氮的去除效果最好,种植美人蕉组对磷的去除效果最好。有研究结果表明,在种植有芦苇的系统中,总氮和总磷的去除效率分别为97%和91%,而在没有植物的系统中,总氮和总磷的去除效率分别为53%和61%;当研究人工湿地中的氟离子去除时,观察到类似的情况,其中没有植物的系统中的污染物去除比有植物的系统低20%。

一个人工湿地系统的建立,植物的配置是很重要的考虑因素。合理搭配人工湿地植物,不仅在视觉上让人感到舒适,还能使植物的功能优势互补,提高净化效率。另外,多种植物能够使生态系统保持稳定,保证物种多样性,对病虫害的防治也有很好的效果。在系统建立和植物栽种配置时要将系统的主要功能与植物的植物学特性充分结合起来考虑。只有这样,才能充分发挥不同植物各自的优势,达到更好的处理净化效果。为达到全面的处理和利用效果,应进行有机的搭配,如深根系植物与浅根系植物搭配、丛生型植物与散生型植物搭配、吸收氮多的植物与吸收磷多的植物搭配，以及常绿植物与季节性植物的季相搭配等。在进行综合处理的一些工艺或工艺段中，切忌配置单一品种，以避免出现季节性的功能下降或功能单一。作为湿地公园规划建设的人工湿地还要考虑景观搭配。

在湿地中对植物的选择也很重要，植物选择的原则如下：

（1）所选植物的耐污与净化能力强。有研究为选择适应猪场废水处理中人工湿地的植物种，从野外采集12种植物，种在不同浓度猪场废水中做水培观察，并从耐污力、地上部生物量、根系、景观、易管理等5方面指标分别给予综合评定。筛选结果表明，风车草和香根草最适合用作猪场废水处理的人工湿地植物。风车草可以在COD 2 800 mg/L、NH_3-N 390 mg/L以下猪场废水中生长，香根草可以在COD 1 300 mg/L、NH_3-N 200 mg/L以下的猪场废水中生长。有研究分析比较了鸢尾、美人蕉和水葱在不同季节下对TN的去除能力，结果表明在春季，鸢尾去除TN的效果最好，去除率为59.47±2.3%；在夏季，美人蕉对TN去除率最高，为81.33±6.4%。也有研究在湿地内种植茭白、灯芯草、莲藕和鸢尾，在水力停留时间为3~4 d的情况下，对总氮的去除率分别达到71.8%、83.9%、68.6%和80.2%，对总磷的去除率分别为69.3%、77.0%、57.5%和68.5%。

（2）所选植物能够适应当地的环境。有研究为了解决亚热带地区人工湿地植物的冬季草本植物地上部分枯死的问题，引入了16种木本植物到潜流人工湿地中进行净化潜力筛选与评价，研究结果表明，只有夹竹桃、木槿的适应能力最强；也有学者为了筛选出适用于处理我国北部沿海高盐度地区微咸水的植物时，采用在实验室内模拟人工基材无土栽培植物的方式进行试验筛选，研究结果表明，香蒲、睡莲、水葱、美人蕉、千屈菜和黄花鸢尾都可以用作我国北部沿海高盐度地区微咸水人工湿地污水处理系统的植物,但是黄花鸢尾的耐盐性最好,并且脱氮除磷效果较好。

(3)所选植物根系要发达,地上生物量大。植物的根系在系统中的作用很明显,具有泌氧功能、分泌有机物、为微生物提供生长空间、摄取填料中的氮、磷元素等,所以水生植物的根系越发达,对湿地系统的影响就越大,越有利于提高湿地系统的净化污水的能力。地上的生物量越大,便于通过收割方式去除更多的氮、磷。有学者研究了植物根须的作用,发现根茎型植物有较强的耐污能力,根须型植物的根须十分发达,污水中的BOD、TN、TP去除主要是依靠附着在湿地植物根区表面及周围的一些微生物,植物根系的生物量与反硝化细菌、酸碱性磷酸酶及酶的活性呈正相关关系。

(4)所选的植物要具有观赏性和经济价值。由于人们的生活水平有了很大的提高,所以对生活娱乐水平要求更高。如果人工湿地能够对污水有较好的净化效果的同时,再选择种植具有观赏性的植物,更加能够营造出一个让人感觉舒适的生活环境。湿地植物经济利用已经越来越受到重视,增大湿地植物的经济价值,可以降低湿地的建设和运行成本,进而能使人工湿地的应用达到社会效益、经济效益和生态效益的目的。

综合以上因素,并结合赵口灌区的气候特点及植物分布状况所选植物为:芦苇、花叶芦荻、千屈菜、香蒲、再力花、美人蕉和风车草。

6.4　农田退水循环利用与分质分流智能化灌溉技术

6.4.1　灌区亟须解决的问题

农田退水经灌区生态沟渠、生态湿地净化,已能去除退水中绝大部分污染物,但仍会有少量残存,其中包含有机质和氮、磷等多种营养物质，直接排放将可能造成水体 COD、氮、磷等浓度上升，导致水体富营养化，藻类生物大量繁殖，河湖中鱼类等水生动物逐渐减少，甚至因缺氧而全部死亡，对水生态环境造成严重破坏，同时退水直接排放也会造成水资源浪费[15-16]。此外，农田退水中氮、磷等污染物质会在土壤和饮用水源中慢慢积累，对人类的健康造成威胁，农田退水污染特征主要表现在以下几个方面：

（1）水中氮、磷浓度等污染指标不同程度地超过了《地表水环境质量标准》（GB 3838—2002），达到中度甚至重度污染。

（2）水中氮、磷输出主要形式是氨氮、硝态氮和可溶性磷酸盐。

（3）绝大多数农田退水由排放源流向或入渗到下游的河流湖泊，加剧了水体富营养化进程，严重影响了经济与环境的发展。

赵口灌区农田退水直接排放，增加了受让水体水质风险的同时还降低了灌区水资源利用率，通过对农田退水的循环利用，结合分质分流智能化灌溉技术对农田退水的回收利用，提高了水资源利用率，降低了污染物的排放量，从而达到水资源节约集约利用和保护灌区水环境的目的。

6.4.2 技术原理

农田退水循环技术通过灌区生态沟渠将农田退水汇集到灌区生态湿地系统，该系统通过灌区生态沟渠、生态湿地等对农田退水挟带污染物进行净化，而后进入集水池，作为非常规灌溉水源，将水质达标的水循环利用，再次回灌到农田[17]。

分质分流智能化灌溉技术就是根据灌溉对水质的不同需求，分别提供不同用水的供水方式。针对不同灌溉水质标准，分质供水可以做到优水优用，劣水净化处理，实现灌区农田退水再生回用精细化管理，降低灌溉成本，提高灌溉水质安全性，减少农田退水外排，保护灌区水环境。分质分流智能化灌溉用水调控技术以处理后的农村非常规水为主要灌溉水源,以当地地表水为灌溉补充水源,再通过水质监测及判别,筛选出满足灌溉水水质要求的农田退水进行灌溉,确保实际灌溉用水水质达标以及农田退水最大限度的再生利用。

系统具有非常规水和地表水两个水源,确保灌溉供水的连续性和稳定性;根据非常规水水质是否满足灌溉水质要求自动管理水源的切换,确保储水池水源不变质;具有较高智能性,实现了水源检测报警,蓄水池储水,水源切换,增压供水,设备运行各环节的统一调度、合理管理等特点。

6.4.3　分质分流智能化灌溉用水调控系统及工作流程

分质分流智能化灌溉用水调控系统主要由智能化控制系统、水质在线监测设备1套、抽水系统2套、供水管路1套、水源切换阀1套和自动控制阀门若干组成。分质分流智能化灌溉用水调控系统如图6-7所示。

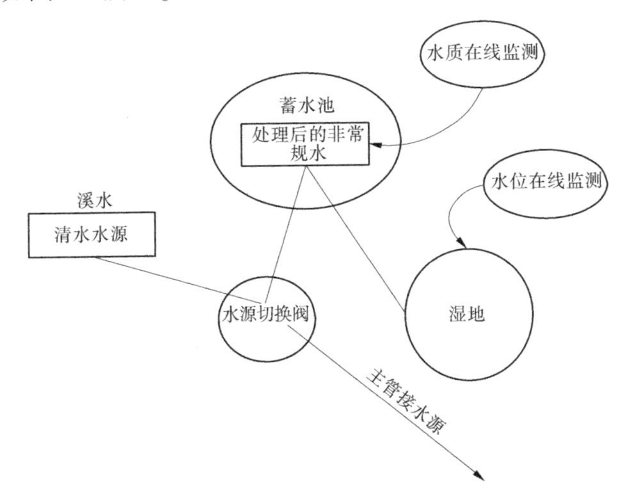

图6-7　分质分流智能化灌溉用水调控系统示意图

灌溉开始前首先对储水池水位及水质、备用水源水位进行测定，计算出可进行灌溉的水量，判定是否需要备用水源补给供水，设定供水方案，根据设定控制方式，选择是否按照设定方案进行稳定供水，直至灌溉完成，具体工作流程如图 6-8 所示。

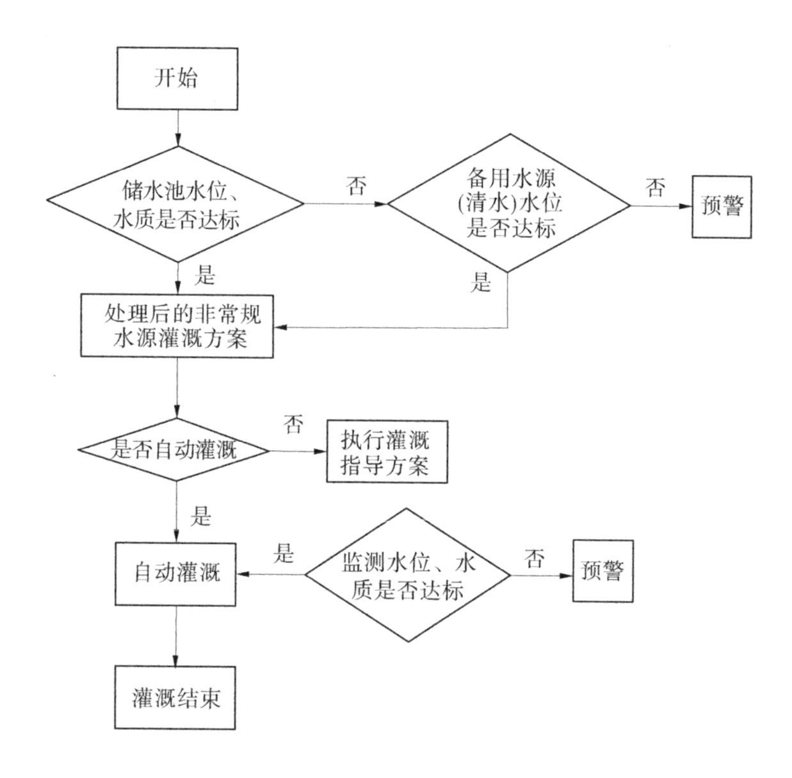

图 6-8　分质分流智能化灌溉用水调控系统工作流程

6.5　灌区水环境系统修复技术

6.5.1　灌区亟须解决的问题

灌区水生环境不仅孕育生命保持生物多样，而且能够调节气候、美化环境，同时也是自然与人类之间的一个有效缓冲区。灌区水环境质量事关整个灌区生态体系健康和灌区可持续发展的大业。赵口引黄灌区水环境的自净能力较差，近年来也出现了不同程度的恶化，其中包含的主要问题有严重的水体污染、河道自净化能力降低，水资源匮乏、水土流失严重、河道淤积泥沙等，治理难度很大。加强防控灌区水体污染、加快治理受损水质、综合衡量各类水环境修复技术的功效和特性并针对不同的水生环境现状，选用最适宜的修复及治理措施，构建一个和谐、均衡的自然环境体系是赵口引黄灌区当前的首要任务。

6.5.2　技术原理

水环境修复是指借助自然生物的自适应力和调节力以及人类技术外力的作用，改变污染水体的水质，根除水生环境中有害物质，恢复或提升水环境质量的技术总称。水环境修复技术在不打破固有水环境体系平衡的基础上，充分满足人类可持续发展对水环境作用的实际需求[18]。

6.5.3　水环境修复技术体系

水环境修复是一项复杂的工程体系，需要结合自然调节功能与人类技术干扰的共同力量。当前较为成熟的修复技术主要包括人工增氧技术、浮岛式植物滤床技术、生物膜净化技术、微生物抑制技术、底泥生物氧化技术等几类[19]，具体解析如下。

6.5.3.1 人工增氧技术

水环境修复的关键是要改善水质、增加水体自愈活力，而水质活力与水生生物的存活量和灌区整体水环境有着紧密关联。自然水体在自然条件下复氧速率较慢，水中若存在大量的氮、磷营养物且长时间处于缺氧或厌氧的状态，水体水质很快就会恶化，进而引起一系列的环境问题。充足的氧分是水生有机物健康生长的关键因素，因此如何有效地给水体增氧是改善水质的关键。要想改善水体的氧环境，这就需要采用人工增氧技术，通过这种方式以提升水体氧含量，改善水环境营养结构，为广大好氧生物及各类藻类植物生长存活创造有利条件，也为水生生物提供充足的食物，增加水环境活力，从而达到改善水质的目的[20]。

人工增氧技术是一种简单便捷的水环境修复技术，它在改善水体水质、提升河流功能性方面占有重要地位。按照曝气设备的固定方式可分为固定式充氧设备和移动式充氧平台。移动式充氧平台主要是用在突发环境问题的应急处理。目前，在河湖治理中，大多还是采用固定式增氧技术，主要分为鼓风曝气技术、机械曝气技术、扬水曝气技术等。鼓风曝气技术主要由机房(内置鼓风机)管道和空气扩散器组成。它是利用鼓风机将空气推入输送管道，再利用空气扩散器将空气以气泡的形式在水体中由下而上地进行扩散，从而将空气中氧气融入水中。机械曝气属于表面曝气，是用安装于水体表面的表面曝气机来实现的。在河道中经常使用的机械曝气机主要是喷泉曝气机和涌泉式曝气机，这种曝气机装有叶轮，根据水力机械和搅拌提升器装置带动叶轮旋转，产生大量的水滴和膜状水混合液被抛出水面，这些混合液与空气发生碰撞后会掺入大量的空气，而后再次跌入水中，从而增加水体含氧量，促进水环境的生态恢复。扬水曝气技术是基于“扬水筒”技术原理，扬水曝气器以压缩空气为动力，然后经过空气释放器将压缩空气通入曝气器下部，从而对下层厌氧水体进行充氧。该技术不仅有较好的增氧功能,而且还能抑制表层藻类的生长。

人工增氧技术在使用的过程中,不需要添加任何化学药剂,绿色环保,而且其设备简单,安全可靠、相对经济实惠、效果既好又快,但须注意的是人工增氧技术对水体类有较大限制,一般不适用于相对封闭的水环境。在实际使用过程中,需要根据现场条件,可以选择多种技术组合,以达到更好的净化效果。

6.5.3.2 浮岛式植物滤床技术

浮岛式植物滤床技术属于生物修复技术的一种有效形式,它是一种新型人造湿地,利用人造网格,栽种与水环境相适应的水生植物,形成一种漂浮状的植物生态系统。由于浮岛植物一般情况下都是采用根系发达的水生植物,在水体下会形成一道致密的过滤层,并且大量的微生物附着在根系,促进了水中污染物的分解。此系统净化水体的过程主要是通过植物网状根系过滤作用,去除漂浮物等水体杂质,再利用植物及微生物自然特性吸收、降解、分化氮、磷、二氧化碳等化学元素及有害成分,构建一个完整高效的生物净化体系,具有较好的处理效果[21]。有研究以浙江省某河道为研究对象,分别选取生态浮床所在位置的上、中、下游,通过16Sr DNA高通量测序技术,研究河流上下游水质和微生物变化,研究结果表明,生物浮岛能够有效去除水体中的总氮和总磷,去除率分别达到55%和45%,还能改变细菌群落的丰度和多样性。有学者以风车草、芦苇、菖蒲三种植物构建了3种生态浮岛,研究结果表明,这三种植物对COD的去除率分别为15.2%、14.6%、18.7%,对TP的去除率分别为62.3%、61.3%、63.9%,对氨氮的去除率分别为15.9%、23.3%、19.5%。也有研究构建了风车草、水葱、千屈菜浮岛,研究结果表明,风车草浮岛对南海湿地水体中COD_{Cr}、TN、TP的去除率分别为26.87%、34.89%、23.48%;水葱浮岛对南海湿地水体中COD_{Cr}、TN、TP的去除率分别为21.87%、25.54%、26.17%;千屈菜浮岛对南海湿地水体中COD_{Cr}、TN、TP

的去除率分别为18.79%、22.66%、38.25%。这种技术运行成本低,可操作性较强,且具有一定的环境美化作用,属于城市景观水域常见修复措施。但随着水生生物的不断生长繁殖,容易造成人造多孔浮板的堵塞,使得植物生物降解功能受到影响。

6.5.3.3 生物膜净化技术

生物膜净化技术即是以自然生态过滤单元和人造织物膜(一般使用PVDF材质,该材料化学性能稳定、抗氧化能力强、使用寿命长、耐污染、易清洗,特别适合于污水处理)为载体,寄养具有污染物降解功能和水质分化的高效微生物以及微型生物。利用各种过滤单元对原生水体进行净化处理。原生水首先经过岩土、砂砾、黏土以及植物层进行粗滤,然后在自然光合作用的分解下,减弱部分有害物,再经过人造生物膜内的光合细菌、硝化细菌等复合高效微生物的吸收释放作用进行二次过滤,进一步降解污染质,其后经过净化系统控制单元的蓄流、放流过程实现水体净化[22]。

生物膜过滤技术具有较强的抗污染和化学毒害能力,有利于系统内微生物的生长繁殖,便于构建一个高效的水生生态体系。但是此方法对技术要求较高,特别是对于生物膜的设置和养护较高,且后期费用较大,不适宜大江大河的规模化推广,较多用于生态沟渠和湿地。

6.5.3.4 微生物抑制技术

微生物一般指细菌、病毒、亚病毒、真菌和某些微型原生物及藻类等,这些生物体积极小,肉眼无法察觉,但它们置身于水体中,可有效分解净化水体中的污染物。一方面,它们可有效去除水体中的富余质和化学残留物;另一方面,可抑制藻类生长扩散,调节水生生态体系。目前,在水环境修复方面使用最多的是利用致病微生物阻止藻类生长,其做法是人为向水域中施放带有致病细菌或病毒的微生物,使藻类感染病菌,丧失传播扩散的能力,从而有效抑制藻类增长。而某些溶藻细菌对微囊藻等蓝藻有很强的溶解作用,它们与水环境中的同生类争夺养分,使其叶绿素含量急速下降,使得这些藻类因营养缺失和生存空间被挤压而逐渐死亡。水环境修复中借助微生物病菌传播快、影响大、成效高等特性,能快速消耗富余生物营养资源,达到抑制藻类生物生长的目的。

6.5.3.5 底泥生物氧化技术

水环境污染另一个根源是底泥富余污染物,水环境中底泥常年累积,不流动不清理,聚集大量污染源,无论水体如河更换和变化,底泥污染始终存在,并会再次污染水体,所以修复水环境要着重处理底泥污染物。

底泥生物氧化技术是将Fe、Cu、Zn、Co等微量元素,通过精准施药的方式投入到需修复的水环境底泥上,通过硝化和反硝化原理分解消除水体底泥和水体中的氨、氮和耗氧物质,以达到修复水质的效果。

同时随着底泥富余物质的减弱,底泥中沉腐物质也逐渐被分解,黑臭根源得到解决,有利于优化其他水生植物的生长环境。这种修复技术有利于提升水质、治理顽固性水体污染,但在具体修复实施过程中无法预判药物对水质的影响程度,一般使用时需进行效益分析。

6.6 灌区水景观文化建设

6.6.1 水景观文化建设的必要性

灌区水景观开发正成为我国灌区建设中的一个热点,人们的环境意识逐渐提高,逐渐认识到开发灌区水景观能为周边城市经济发展提供重要的契机,促进城市经济、社会、文化的连锁发展,起到"以点带面"的作用,同时带来良好的环境效益。基于此,国内很多城市都注意到灌区水景观文化建设的价值,并已出现了一批规模较大的灌区水景观开发项目。如宁夏中卫十里长河景观带、甘肃武威海藏湿地公园等[23]。

置身于此大背景中,相关于滨水空间开发的理论探讨也日益增多,我国是一个多水域的国家。江河湖海众多,然而针对引黄灌区水环境景观设计的课题研究尚显欠缺。突破以往仅仅聚焦于防洪、水运、灌溉的研究局限,如何在当今建设的宏观背景下,通过灌区的水环境景观开发作为促进相关城镇总体协调发展的纽带,展示城市历史文化内涵与特色风貌,促进城市的可持续发展,已成为急需面对和解决的问题。

赵口引黄灌区工程是连通沿黄城市发展的纽带,在引黄补源、水生态、水文化等方面均担负了重要任务。目前,赵口引黄灌区工程大部分具备通水能力,但没有得到充分利用,灌区的开发利用已明显滞后于城市发展的步伐。赵口引黄灌区未来可在生态修复建设中融入文化元素,结合历史,植入黄河文化、农耕文化等,留住水利记忆,传承水利故事,展现灌区地域文化,营造和谐的人水环境和健康幸福人居环境。

6.6.2 景观生态学理论

景观生态学是对自然和社会科学等进行研究的综合学科,对景观的功能、结构、变化趋势进行研究的学科,目前在资源开发、土地利用、资源管理、城市建设、河道修复等方面有一定的研究。在灌区水景观文化建设过程中,人文因素与自然因素并重,水景观根据其形成方式的不同可以分为天然水景观和人造水景观。对于人造水景观来说又可以细分为两种类型:一种是纯通过人工手段进行建造或营造的人工化水景观,例如艺术景观喷泉、人工湿地、生态浮岛等;另外一种则是通过人工对自然进行改造或修复后而建立的景观,例如对河道进行人工景观构建或是原生态湖泊进行湿地化的处理等在原有水环境生态的基础上进行人工化的景观改造。每一种形式的水景所呈现出来的景观状态都各具特色，都能达到独特的景观视觉效果。

6.6.3　灌区水环境景观构建

6.6.3.1　河道沿岸水生植物景观构建

河道沿岸的景观构成中最为主要的是水生植物的配置，在植物类型的选择上要注意季相上的色彩变化，利用植物花季的不同来营造不同季节景观效果，同时也要考虑水生植物的生长来配置植物。

在种植配置时应参考经济适用与美观并重的原则，减少其在后期维护上的资源浪费，所以在植物的选择上要选取功能性强且生命力旺盛的品种，如表 6-1 所示。

表 6-1　植物生存能力

序号	植物	生长期死亡率/%	越冬期死亡率/%	生命力
1	黄菖蒲	2	1	强
2	菖蒲	1	1	强
3	香蒲	2	1	强
4	千屈菜	0	0	强
5	花叶水葱	2	2	强
6	梭鱼草	1	2	强
7	茨菇	1	2	强
8	泽泻	3	2	强
9	芦苇	2	2	强
10	再力花	1	1	强

注：本表来源于《表面流人工湿地处理微污染河水长期运行效能研究，2017》。

从表6-1可以看出,这几种水生植物都具有较强的生存能力,可以采用该类植物来进行河道沿岸的景观搭配,减少后期的管理与维护。温度适宜的情况下,植物吸收氮、磷的能力较强。所以,水生植物在景观搭配时除了要根据季相来进行不同色彩的搭配,还要根据温度等影响因子来筛选对于温度较低的情况下对水质净化还依然保持活力的植物品种。

6.6.3.2　人工湿地景观构建

人工湿地景观构建中最主要的是对于植物的营造,垂直流、表面流、潜流湿地这三类常用湿地,在植物搭配上,垂直流、潜流湿地采用挺水植物,而表面流湿地水生植物品种选择较广。在景观建设中要从湿地植物的生存习性方面入手,融入人文精神建设,体现城市文化性,采用乡土植物营造具有地域性文化景观,充分采用乔灌草搭配来丰富其生物多样性,斟酌植物本身的枝叶形态、花期花色以及搭配所形成的线条感,植物的搭配质量对景观整体效果起着直接影响的作用。其重点设计在水面,陆地部分作为辅助空间,重点营造水面景观氛围。

湿地景观植物的搭配是将水环境生态技术与景观结合的重要途径,例如通过对湿地植物进行景观分区,对花卉进行色彩搭配,使其具有观赏价值,对湿地植物净化区的植物配置主要采用净化功能较强的植物进行搭配。

人工湿地景观进行营造设计时应该注意以下原则:

(1)采用整体化设计。湿地的景观要与周边水域景观产生协调一致性,注重区域的整体性。

(2)生态化。植物的选取搭配中要筛选其净水功能性强、生命力强以及适应能力较强的植物,尽量避免选用人工维护费用较高的植物,选用年生花卉、苗木等较为生态可持续的植物品种进行配置。

(3)具有针对性。分情况对不同的水域环境进行景观构建,在生态方向一致的情况下对地域性设计更加重视,景观不能模块化,要参照不同的文化背景、水文、气候、水域变迁、现存问题等来进行。

6.6.3.3 生态浮岛景观构建

生态浮岛的浮床形态可以根据整体的设计规划来调整,没有固定形式更加方便设计的需要,根据水域面积的范围对岛体大小和位置来进行调整,服务于整体景观设计。

景观生态浮岛的建设要考虑当地的气候、文化特色、土壤温度等生态因子的影响,才能营造出更具有生态效益的浮岛景观,使其在景观观赏性的同时具有维护水域环境生态平衡的功能,在选取植物时,应选择水体净化能力较强的植物,多选取本土植物;在选取场地时,应注意利用地形来进行基底的选择,尽量减少土方量;在气候、场地适用的情况下可以多种植根系比较发达、净水功能性强的花卉类,例如荷花等,能够在辅助生态修复的过程中营造出如诗如画般的景观氛围。

生态浮岛在营造的过程中植物选择以遵循自然规律保留本土植物为主,对于植物层次上的构建要按照植物的花期、果期等观赏性的阶段丰富度为主,使其能根据四季变化呈现出不同的景观效果,水中植物采用浮水、挺水、沉水等类型的植物进行搭配,在竖向上增加水域生态面积。

6.6.3.4 生态护岸景观构建

水环境中的灌区河道两岸属于线性开放空间景观,护岸为河流泄洪提供弹性保障的作用,它是连续的廊道,是一种较为特殊的线性景观,生态护岸景观的设计在美学艺术上有着较高的价值,护岸与周边植物的搭配是河流景观连续性的重点。

传统护岸形式可分为阶梯式、斜式、立式三种。阶梯式护岸可以使人们走进水边,在观赏之余更加近距离的亲水,但是形式上还是相对较为单一,需要加入景观化的处理,增加阶梯式护岸的美观层次;对于斜式护岸来说,需要较大的缓冲空间,这对景观面的塑造提供了一定的空间;立式护岸高差较大,水面与周边环境之间的距离较短,没有充足的建设空间。生态式护岸是通过在传统的护岸形式上进行绿化来达到将硬质护岸软化的处理方式,具有一定的景观塑造意义,能够在有限的空间内增加绿化面积,同时带来一定的环境改善。

生态护岸的景观营造主要是在护岸生态的基础上产生美的视觉效果。在植物的选取上,除选用本土树种外,应多注意季相变化。另外,多选用爬藤植物对护岸面进行遮挡。在护岸设计时也要将人的活动考虑其中,扩大护岸的人文设计,在人的游览路线上可选用构建架空构筑物的方式达到水流、人行以及微生物之间和谐共处。

6.7 灌区生态河段示范建设

6.7.1 灌区亟须解决的问题

通过项目组对赵口引黄灌区二期工程范围内河沟渠等水生态环境的现场查勘,筛选出一处适宜河渠交叉段建议开展生态河段示范建设,为灌区水生态环境综合改善提供技术示范提供支撑[24]。建议实施地点为开封市祥符区范村乡前谢湾村西侧,治理区段为赵口引黄灌区二期工程东一干渠末端与上惠贾渠交叉口上下游延伸 500 m。根据现场查勘,该河渠段的污染现状分析如下:

东一干渠末端尚有 40 m 长度未进行疏通整治,现基本处于垃圾承受区状态,垃圾类型主要为农业生产和居民生活垃圾,如图 6-9 所示,未经合理处置对河道水体造成污染。

上惠贾渠河流较长,河段经过城镇生活区,上游会有部分污水进入河道;根据沿河实地查勘,河道中杂草对水体过流造成一定的

图 6-9　东一干渠末端现状

影响，如图 6-10 所示。

河道周边农田面源污染随地面径流可直接流入附近水体，对水体环境造成一定程度的污染。底泥污染是河流的内源性污染。底泥不仅是河流营养物质循环的中心环节，而且也是营养物质的主要聚集库。上惠贾渠底泥污染较轻，水质提升后底泥会逐渐恢复。根据现场查勘情况，上惠贾渠部分河段的生态环境已经消退，河水与河床接触面生态系统完整性存在缺失，部分河段为裸露的底泥和杂草，没有良好的生态功能，河道下游的自净能力差。

图 6-10　东一干渠与上惠贾渠交叉口(上游方向)现状

6.7.2　治理思路

针对该河段现状问题，本着处理工艺力求达到节能、低耗，操作简便，施工方便等综合原则，建议通过渠道疏浚清理平整-增设梯级生态拦截带-投加微生物-构建渠道水生植物生态系统的设计思路对该河段进行水生态环境的综合治理，具体实施区段见图 6-11。

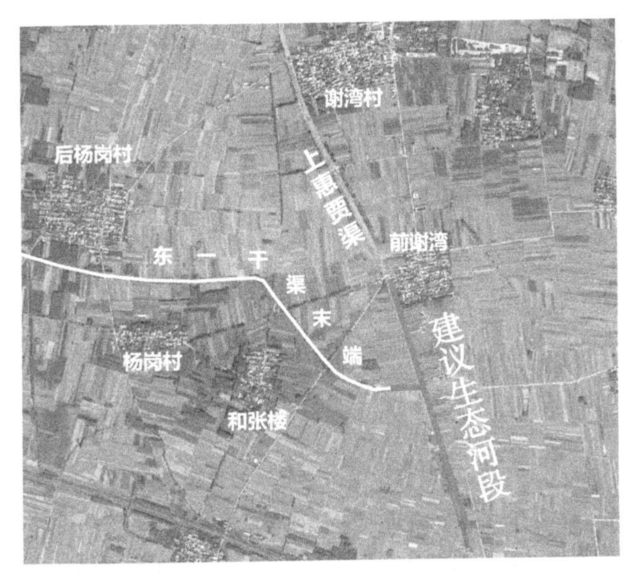

图6-11 生态河段示范建设示意图

6.7.3 具体措施

6.7.3.1 外源拦截

在上惠贾渠上游端梯次设置三道生态拦截带(见图6-12),有效拦截河水中的漂浮物,特别是从上游飘来的垃圾、动物、植物腐体,减少末端的污染,降低这些漂浮污染物对河水净化的影响,此外浮水植物还能吸收水中的氮、磷,能保持干净的水面,美化河道景观。

6.7.3.2 内源消解

微生物强化是指在确保水安全的前提下,通过向传统的生物处理系统中引入具有特定功能的微生物,提高有效微生物的浓度,增强对有机物的降解能力,提高其降解速率,并改善原有生物处理体系对有机物的去除效能。微生物主要是硝化细菌、芽孢杆菌、反

图 6-12　拟设生态拦截带效果示意图

硝化细菌、光合细菌等，定期投加可大大增强水体的自净能力。通过采用专用微生物和试剂对底泥进行消解，稳定底泥，消除河道内部污染；增加火山石填料球、组合填料球区域，通过填料上的微生物可降解水中污染物（见图 6-13）。

6.7.3.3　河道水生植物生态系统构建

沉水植物系统是水生态系统的初级生产者，是水系统调节和提高水体自净能力的重要环节。在水质净化方面可以直接吸收水体的 N、P、重金属，降低水体污染元素的浓度；附着于植物体表的微生物形成生物膜系统，净化水质；释放生物因子，抑制藻类的生长；通过光合作用产生的次生氧能杀灭有害菌；强光合作用能使水中有机絮凝体形成气浮效应，并使其快速氧化分解，降低 BOD、COD。浮水植物是维持水体生态系统健康的重要基石，种植浮水植物来丰富生物的多样化来平衡发展，从而改善受污染的生态系统。浮水植物在水质净化方面可以丰富生物的多样性，增强水体的景观效果，为河道景观添加了不一样的风景线，还能够有效地降低水体的整体污染程度，净化水质。

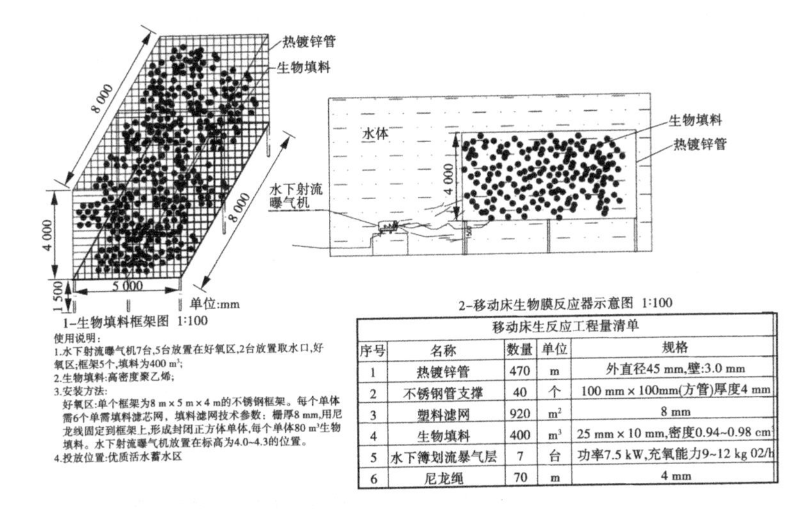

移动床生反应工程量清单

序号	名称	数量	单位	规格
1	热镀锌管	470	m	外直径45 mm,壁:3.0 mm
2	不锈钢管支撑	40	个	100 mm × 100mm(方管)厚度4 mm
3	塑料滤网	920	m²	8 mm
4	生物填料	400	m³	25 mm × 10 mm,密度0.94~0.98 cm
5	水下簿划流暴气层	7	台	功率7.5 kW,充氧能力9~12 kg 02/h
6	尼龙绳	70	m	4 mm

图6-13 拟设生物填料结构示意图

在治理河段建议设置沉水植物净化区+浮水植物净化区(见图6-14),水生植物生态系统主要由四季常绿低矮无花苦草、金鱼藻、水葫芦和狐尾藻等水生植物组成。水生植物的介入还可以与河道内的鱼虾、昆虫、蛙类等形成完整的生态系统,恢复食物链,从而恢复河道自然自净能力。此外,沿河两岸还可设置河道生态护岸缓冲带,种植挺水植物,不仅有防护及景观效果,还能进一步增强水体自净能力。

6.7.3.4 组合填料+人工潜水曝气强化自净

在治理区段还可设置组合填料截污带,由多种填料(生物栅、人工水草、组合填料)组合成的截污带,并配置太阳能潜水曝气机(见图6-15),能有效地强化有机物和氨氮的好氧分解,通过人工干预来增强水体的自净功能。

图 6-14 拟设水生植物种植部分品种

图 6-15 拟设太阳能潜水曝气机

参考文献

[1] 全为民,严力蛟. 农业面源污染对水体富营养化的影响及其防治措施[J]. 生态学报,2002(3):291-299.
[2] 杨林章,冯彦房,施卫明,等. 我国农业面源污染治理技术研究进展[J]. 中国生态农业学报,2013,21(1):96-101.
[3] 蒲昌权,何才智,张乃华. 柑橘果园水肥药一体化防治面源污染技术集成

研究[J].南方农业,2021,15(22):87-91.
[4] 高祥照,杜森,钟永红,等.水肥一体化发展现状与展望[J].中国农业信息,2015(4):14-19,63.
[5] 陈广锋,杜森,江荣风,等.我国水肥一体化技术应用及研究现状[J].中国农技推广,2013,29(5):39-41.
[6] 高鹏,简红忠,魏样,等.水肥一体化技术的应用现状与发展前景[J].现代农业科技,2012(8):250,257.
[7] 刘建英,张建玲,赵宏儒.水肥一体化技术应用现状、存在问题与对策及发展前景[J].内蒙古农业科技,2006(6):32-33.
[8] 师志刚,刘群昌,白美健,等.基于物联网的水肥一体化智能灌溉系统设计及效益分析[J].水资源与水工程学报,2017,28(3):221-227.
[9] 张海平,邓煜.水肥一体化智能灌溉技术在油橄榄上的应用[J].中国林副特产,2020(2):29-32.
[10] 王文婷,翟国亮,郭二旺,等.水肥一体化智能灌溉系统组成与设计[J].河南水利与南水北调,2021(5):83-84.
[11] 叶艳妹,吴次芳,俞婧.农地整理中路沟渠生态化设计研究进展[J].应用生态学报,2011,22(7):8.
[12] 杨继伟,张辉,曹秀清,等.农田排水沟渠生态化建设与管理[J].治淮,2022(3):68-70.
[13] 叶红,刘双美,罗茂盛,等.农田排水沟渠生态减污净化系统,CN209872688U[P].2019.
[14] 杨洋,郭宗楼.现代农业沟渠生态化设计关键技术及其应用[J].浙江大学学报(农业与生命科学版),2017,43(3):377-389.
[15] 李佳琪.农业灌溉退水环境影响评价方法及案例应用研究[D].哈尔滨工业大学,2012.
[16] 王业耀,马广文,香宝,等.农田退水期阿什河氮污染特征及来源解析[J].环境科学研究,2012,25(8):5.
[17] 敬子卉.生态组合沟渠技术中基质与植物要素对农田退水氮磷减排的效果研究[D].雅安:四川农业大学,2016.
[18] 张锡辉.水环境修复工程学原理与应用[M].北京:化学工业出版社,环境科学与工程出版中心,2002.

[19] 徐亚同. 河流污染状况及治理效果评价的指标体系[C]//2008 年中国水环境污染控制与生态修复技术学术研讨会. 2008.

[20] 黎镜中,代庆军,李文奇. 离式螺旋微气泡泵人工增氧技术[J]. 通用机械,2011(11):73-74.

[21] 廖杰,徐熙安,刘玉洪,等. 水生植物滤床深度处理养殖废水过程中抗生素与抗性基因的响应研究[J]. 环境科学学报,2015,35(8):2464-2470.

[22] 王珏. 生物膜技术在城市废水净化中的应用[J]. 科学之友(B 版),2008(7):16-17.

[23] 邓牧昀,卜继勘. 城市水文化和水景观建设规划探讨——以湘潭市为例[J]. 湖南水利水电,2017(4):40-43.

[24] 韩雪梅. 汾河中游生态治理工程介休示范区河段的水土流失分析与防治对策[J]. 山西水利科技,2021(3):61-63.

第7章 结 论

项目以“实验监测-评价模拟-技术对策”为研究思路，融合现场查勘、重点监测、理论分析及模型计算等方法手段，以赵口引黄灌区二期工程区域水生态环境现状调查为基础，分析灌区水流脉络连通、生态环境用水等主要水生态环境问题，评价灌区水生态安全状况，模拟计算灌区河沟渠水系水量水质动态，刻画水系连通对区域水质的短期与长期影响，提出适宜赵口引黄灌区二期工程的水生态环境综合改善技术。主要形成以下三方面结论。

(1)项目研究通过对国内水生态安全相关评价指标体系的研究，结合国家宏观规划和赵口引黄灌区水生态现状，基于压力-状态-响应(PSR)评价模型，从经济社会、水资源、水生态和水环境等方面筛选出18个评价指标，建立了赵口引黄灌区二期工程区域水生态安全评价指标体系，采用综合指数法对灌区2016—2021年间的水生态现状进行综合评价，评价结果显示:2016—2021年水生态安全综合评价指数依次为0.326、0.353、0.474、0.593、0.698、0.692，水生态安全状态分别为中警、中警、预警、预警、预警、预警。灌区的水生态安全状况呈现逐年改善的趋势。2021年由于引黄工程建设施工的原因，对河流水质和河岸植被覆盖面积等指标产生了负面影响，导致2021年水生态安全状况有所波动。

(2)项目基于灌区内部及周边的主要河沟渠，构建了赵口引黄灌区二期工程一维闸控河网水动力、水质过程模拟模型。通过MIKE11模型模拟分析发现，在较短和较长的时间尺度下，赵口引黄灌区二期工程完工后，区域内主要受纳水体涡河和惠济河的水质均可得到改善。TN、TP、NH_4^+-N和NO_3^--N的水环境容量增加了0.4%~82.4%。赵口引黄灌区二期工程完工后，增加了总干渠—运粮河—涡河和东二干渠—陈留分干—惠济河输水通道，且对渠道进行衬砌，对河沟道进行治理，使其水系连通性增强，水体流动性增加，水量交换增大，有利于污染物的稀释、扩散和降解，同时长距离输送和水利机械运动，增加了水体复氧能力和自净能力，可加快水体污染物的降解速度。因此，赵口引黄灌区二期工程的实施，提升豫东平原的渠道和河沟水系连通性，实现"引黄入贾入涡入惠"补源，提升区域水资源配置能力的同时，还能够增加流域水环境容量，改善流域水生态环境。

(3)项目针对赵口引黄灌区生态环境退化、农业面源污染严重、减排控制困难、生物多样性下降和生态群落退化等问题，以综合治理为指导方针，以水肥高效利用与面源污染物协同控制为理念，以面源污染物削减、生态拦截与沟道修复为重点，以节水为关键，以生态改善为目的，通过比选水生态治理先进技术，筛选适宜赵口引黄灌区现状的关键技术模式。利用水肥一体化智能灌溉技术、灌区沟渠生态化技术、灌区生态湿地构建、农田退水循环利用与分质分流智能化灌溉技术、生态系统修复关键技术、灌区水景观文化建设、生态河段示范等关键技术手段，对灌区水环境做到"源头把控-过程拦截-健康循环-生态修复-文化建设"，以期建成一个以"水"为基的大生态系统，实现灌区"节水、减源、截留、生态共治的总体目标，助推灌区生态环境改善和高质量发展。